獵才公司老闆真心告白

井上和幸 —— 著
林美琪 —— 譯

30歲後如何成功跳槽？
70個關鍵訣竅助你實現高薪高階的理想職涯！

序言

什麼是企業真正「想要的人才」？與八千名企業老闆及高階主管面談後歸納出共通點

本書內容為「針對三十歲後的上班族，提供成功轉職的具體對策」。

三十歲後是必須得面對現實的時期，也是在工作及生活上必須做出重大決斷的時期。

用心經營職涯並獲致滿足的一流商務人士，皆是在年齡走到三字頭後，迎接另一個人生轉機。

想成功轉職、踏上理想的職涯之路，你必須**「現在」就打定主意**、**「現在」就跨出第一步**。

一到三十歲，不少人為了該續留目前的公司，或是跳槽至其他企業而傷透腦筋。

就算想跳槽，也不知該從何準備、如何行動。這是無可厚非的，因為只是過一般平凡日子的你，**並無機會了解到企業真正的想法**。

而且，充斥坊間的轉職「迷思」，遺憾的是，並沒有所謂放諸四海皆準且具體的成功轉職之道。

針對職業生涯與轉換跑道所寫的書五花八門，但我不得不說，那些盡是胡說八道。

因為大多是由不懂轉職真相的顧問、學者、名嘴寫的，用籠統的觀點與概念來解說，**與企業內部的現實有著莫大的隔閡**。

我因為從事人才顧問、專業獵才這項工作，面對超過八千名經營者和幹部，**直接接觸轉職市場，聽見最真實的心聲**。

因而了解到「**企業所須人才的共通點**」。

於是決定透過這本書，將我所知道的全都告訴各位讀者。

書中會提到三十歲後轉職市場的真相，並且介紹「依現狀來考量的最適當方法」。

近年來，許多專家提出見解，認為退休年齡及老人年金的年限遲早都會「提升到七十歲」。

也就是說，若以二十歲為職涯起點，原本只要工作到六十歲即可，今後勢必會演變為「必須工作五十年」，直到七十歲才能退休了。

在如此漫長的職涯中，你若想保有「可從事有價值工作的職位」、獲得「希望的年薪」、確保「理想的就業環境」，那麼這本書的內容絕對十分有益。

本書內容如下：

第一章：上班族在超過三十歲後的「**轉職真實面**」。

第二章：「工作價值」、「年薪」、「環境」三方面皆能獲致滿足的「**理想職涯模式**」。

第三章：與「年輕又便宜的人才」競爭的聰明戰術，以及**在轉職市場勝出的方法**。

第四章：三十歲後轉職成功的具體「**求職方法**」、「**履歷表寫法**」、「**面**

試技巧」。

第五章：從獵才公司的觀點教你**自我宣傳的技巧**，讓對方說出：「我要的人就是你」。

第六章：「**成為領導人才的方法**」，讓你的職涯一帆風順。

第一、二章中，有些內容不斷重複，因為這些全是不可忽視的重要事項，請務必仔細閱讀。

有人提出「**三十五歲是轉職大限**」，認為超過三十五歲就沒辦法換工作了，但你如果用心閱讀本書，根本無須擔心。

只要充分準備，必能順利轉職。

透過本書，你能獲得正確有效的方法，助你在「職涯五十年」都能工作得很有意義，並祝福你能為今後十年、二十年的社會進步，貢獻一臂之力。

井上和幸

第1章

現代人得要工作到七十歲！要下決定就趁現在！／揭露「轉職」真實面

目錄

第2章

經營三十歲以後的「理想職涯」／具有成就感、高年薪、理想環境的未來規劃

第3章

聰明戰勝「年輕又便宜的人才」／在轉職市場過關斬將的方程式

第4章

成功掌握三十歲後的轉職機會／最有效的「求職方法」、「履歷表寫法」、「面試技巧」

目錄

第5章

吸引伯樂的自我宣傳技巧／「自我品牌」推銷術

目錄

特別附錄：先知先贏！揭露職涯的真實與謊言

chapter 1

現代人得要「工作到七十歲」！要下決定就趁現在！

揭露「轉職」真實面

現代人必須工作到七十歲

你今年幾歲？

三十二歲？三十八歲？還是四十幾歲、五十幾歲？

你目前上班公司的規定退休年齡又是幾歲？

我想，大部分公司都是規定六十歲退休，但可以再延長雇用五年吧。

另一方面，大企業的做法通常是主管的退休年齡為五、六十歲，有些公司甚至下拉到四、五十歲或五十出頭。所謂主管屆齡退休，意指主管到了一定年齡即離開管理職，改擔任專業職或一般職的制度。

最近有越來越多人來我們公司諮商這樣的事情。

「我已經年過五十，逼近主管屆齡退休的年紀。一旦不坐主管位子，薪水就要打七折，搞不好還得打五折。我可受不了往後十年都只能做些輔助性的工作。我有自信還能勝任第一線的工作，也很想繼續打拼，所以希望換個新環境。能不能介紹有哪些公司可以聘我當主管的？」

在此階段，人生會走向兩條不同的道路。

一條是美夢成真地換到新職場，順利地找到一個五、六十歲還能活躍的第一線管理職，**踏上充實且滿意的未來人生**。

另一條是不能如願找到新天地，而只好接受公司的降格條件，或者，不得不選擇提前退休，又無法找到新天地，於是**提早結束職涯**。

這個分岔路究竟是什麼造成的呢？

本書將會一一告訴你詳情，總之，決定勝負的時間點不在五十歲過後，而是在此之前，特別是**三十歲起的工作模式影響甚鉅**。

目前正值法定退休年齡從六十歲提高為六十五歲的過渡時期，年金請領年齡也隨著出生年份慢慢從六十歲延後為六十五歲。

許多專家提出見解，認為退休年齡及年金請領年齡，遲早都會提升至七十歲。

高齡化社會的勞動力確保問題、年金制度的破產危機等前景看壞的預言令人憂心忡忡，這就是我們要迎接的未來。

另一方面，醫療與生活技術進步帶來長壽化及延緩老化現象，則可視為未來的光明面，將有越來越多六十多歲的人，不論心態、體力和外表上，都能保持在四、五十歲的狀態。

不論從社會的必然，或是世代年輕化這個樂觀正向的要因來看，必須「工作到七十歲」的時代已近在眼前了。

換句話說，從二十幾歲工作到六十幾歲的**「五十年職涯」時代已經來臨了。三十歲後的上班族必須具有長期抗戰的「工作方式」與「職涯戰略」。**

希望各位都能擁有圓滿的人生。

將人生劃分成「三個學期」

從前的上班族只要將人生想成是二學期制就行了。

然而，今後的上班族必須重新思考，將人生從二學期制劃分三學期制。

第一學期（二十～三十九歲），是徹底磨練自己、確立自我、穩固立足點的時期。

第二學期（四十～五十五歲），堪稱職業生涯中的夏天。必須更加自我磨練、累積經驗，於最前線衝衝衝。

第三學期（五十六～七十歲），這個時期可以有二種模式。

一種模式是當成挑戰巔峰時期，居高位開展事業或領導組織，擔任企業的董事或經營者。

另一種模式是將前二學期累積到的經驗，以另一種方式運用出來，亦即創造事業第二春。

人生分為三個學期

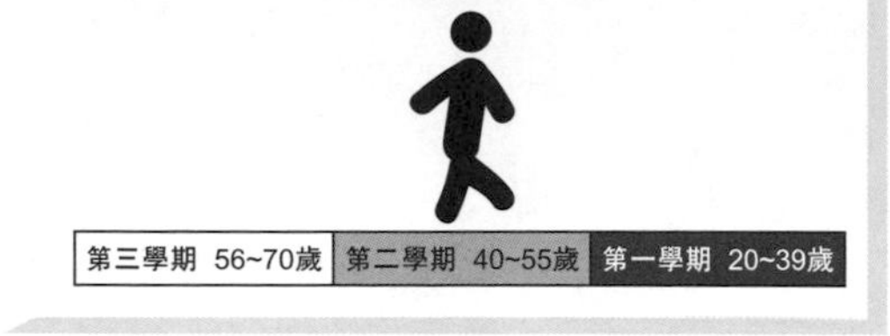

例如，成為專業領域的顧問或評論家、擔任老師，或是寫作出書將知識發揚光大等等。

我常碰到有些人宣稱「六十歲以後要自己出來獨立創業」，但希望你能意識到，等到六十歲太晚了。

如果你想要確實開創事業第二春，你的轉行時期應該在五十五歲以前。

如果你想一直在最前線工作到七十歲，但並非延長現職，而是自己獨立、創業的話，那也「不該等到年過六十」，而是在五十～五十五歲之間就確實準備好，並跨出第一步。

為了替第二、第三學期打好基礎，第一學期的三十歲後的生活方式，可謂舉足輕重。

你想如何度過你的三字頭這段期間呢？

「三十五歲是轉職的年限」，真的嗎？

不論我們願不願意，我們將比前人還要多工作十年，因此必須「從長計議」。然而確實正視此現實的人，其實少之又少。

你應該聽過有人說「三十五歲是轉職年限」吧。

亦即，要換工作的話，年齡上限為三十五歲，因為很少企業願意聘用超過三十五歲的人。

直到今日都有不少人深信不疑，一到三十四歲，就趕緊跑來諮商換工作的事。這個說法如今還正確嗎？

答案是：對有些人而言是正確的，對有些人而言則不然。

那些三十五歲以前都沒有自己的工作主題，只是一個指令一個動作地完成公司交辦的事情，這種人不管過去或未來，一過三十五歲，企業就不當一回事了吧。

其實，後者所占比重有增加的趨勢。

很多企業目前都積極聘用超過三十五歲的人，可以說，**三十五歲到四十五歲反而更有機會**。

三十五歲到四十五歲的領導人、中堅經理人等需求，目前正是大熱門，任何企業都在積極延攬優秀的主管人才，但進行順利的企業並不多。

此外，和年輕～中堅世代相比，招募的人數雖然比較少，但企業仍然渴求年齡較高的「四十多歲的優秀部長級主管」、「四十五歲到六十歲以下的優秀經理級主管」人才，然而，只有少數企業招聘到滿意的人才。

得知這種現實狀況後，你應該能隱約看出你該如何走在「工作期間長達五十年」的職涯路上了吧。

若你還年輕，才二十多歲，反正就是認真工作、多做多學，打好成為一名上班族的基礎。

到了三十歲後，就必須清楚自己「擅長」或「喜好」的工作主題。從三十五歲起，就要進入這個主題的**領導者工作模式**。

四十歲後，應該發揮中階～高階主管（課長級～部長級）的領導能力與經營管理能力。

五十歲後，應該更加鑽研經營管理能力，成為經營負責人，或是擔任一兩個專業性職務，拓展能夠大顯身手的場域。

現階段只能看到這裡了。

那麼，六十歲以後呢……。很遺憾，尚未能明確得知該如何走才好。

依現狀來看，就任部分的經營職或顧問職，是六十多歲仍能以一線企業人之姿而活躍的場域。

不過，在必須具有高度技術的技術職或專業職方面，從技能傳承的觀點來看，擁有如此純熟技能的人並不多，因此即便超過六十歲，仍有很多一線領域可供大顯身手，事實上已經有這樣的人存在了。只不過，在此我能說的，就是三十歲後的工作方式非常重要，這點絕對錯不了。

絶大多數人對老後生活感到不安

我之所以希望大家重視三十歲後的工作方式，是因為只要於此階段努力不懈，就能減輕對未來的不安。

以商務人士為主的轉職網站「en轉職顧問」所進行的問卷調查顯示，有高達百分之九十六的人對老後生活感到不安。

不安要素的第一名為「年金制度」（百分之七十九）；第二名為「老後的資金」（百分之七十八）；第三名為「生病、受傷」（百分之五十八）；第四名為「老後的工作」（百分之四十六）。

該項調查中，也有百分之四的人回答「並不擔心老後生活」。進一步詢問原因，「已做好老後的職涯規劃」占百分之三十七；「有足夠的積蓄」占百分之二十九。果然，做好職涯規劃的少數人，似乎皆已經完成計畫、擁有積蓄。

另一方面，針對所有受訪者的問卷中，回答「為了消除老後不安而事先準備」占百分之五十五。而所謂的準備，第一名是「儲蓄老後資金」，占百分之五十一，第二名是「重新調整生活費」，占百分之二十五，很遺憾地，無人回答「進行職涯規劃」。

為了儲蓄而撙節開支固然非常重要，但如果正在打拼的年輕人、中堅世代全都採取保守姿態，我個人並不以為然。

儘管老年資金必須要先準備好，但對於仍大有潛力的「自己」不加以投資，卻縮衣節食，反而會讓老後生活過得更困苦吧。

成功的經營者和領導者，**會在三十多歲就決定職涯方向，並且把握良機、挑戰轉職**。能做到這點，老後自然無須不安。

象徵性的例子就是以專業型經營者之姿而跨業種大展身手的人。所謂專業型經營者，並非指公司的創業元老，而是擁有社長身分的經營專家。

我見過眾多這樣的人，聽過他們的職涯故事，而且，很榮幸能夠提供一臂之力。

若要舉出最近著名的專業型經營者，像是資生堂（SHISEIDO）的魚谷雅彥

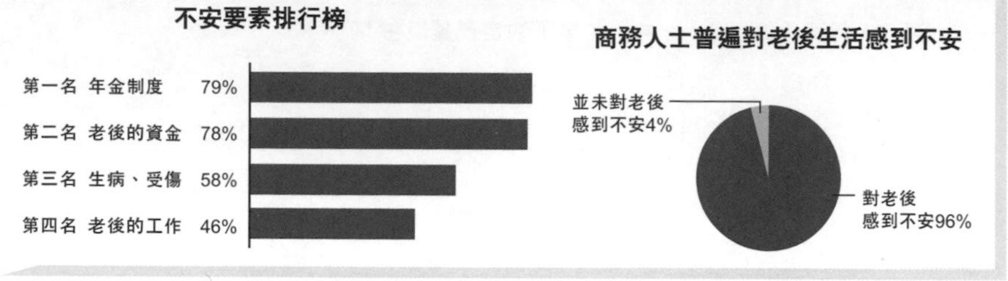

社長、三得利（SUNTORY）的新浪剛史社長、羅森連鎖便利商店（LAWSON）的玉塚元一社長、倍樂生公司（Benesse）的原田泳幸社長等，都是在三十歲後這個關鍵階段，經歷調職、轉職等職涯的重大轉變。

本公司顧問、也曾是頂尖外資公司社長的新將命先生說：

「我在三十二歲時為自己立下的目標是，四十五歲以前要當上社長（不單指當時任職的日本可口可樂公司）。

「為此，首先須於三年內在行銷領域成為這家公司的第一把交椅。」

新先生一如所願，從日本可口可樂公司的行銷部長升到副社長，然後於四十五歲當上嬌生日本分公司的第一位日籍社長。

就這樣，新先生於三十~四十幾歲期間，確立了之後擔任經營顧問、至今擔任諮商者這個長期活躍的舞台。

的確，社長這個寶座少之又少，並非人人坐得起。

不過，即便不是社長或董事，只要立志成為**牽動組織走向的領導人，創造**

三十歲以後大顯身手的舞台，就是實現「五十年職涯」之極大化的不二法門。

這裡說的「職涯極大化」，並非指短期內達到年薪增加或晉身高層，而是當你七十歲回顧職業生涯時，能對自己的經歷與年薪感到心滿意足。

換句話說，必須在**三十歲後決定職涯的方向**，自己掌舵，朝著既定目標勇往直前。

現在還來得及。請立志成為一名領導者，展開行動吧。

留下？跳槽？獨立？

特別鎖定管理職、全球化人才的會員制轉職網站「BizReach」，曾對該網站會員進行調查：「希望將來晉升到什麼職位？」

該網站會員之商務人士中，有百分之四十三的人「想當上社長」，另有百分之四十三的人「想晉升董事」，亦即近九成的人以社長或董事為目標。

上班族希望高升到什麼地位

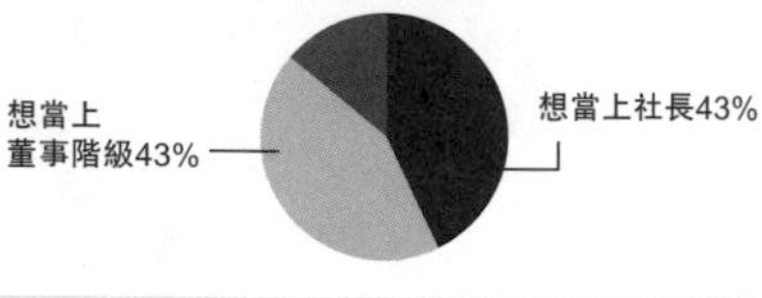

另一方面，滿足目前年薪的人只有百分之二十三，**高達百分之七十七的人對目前的年薪不滿**。

此外，該項調查中，有百分之九十五的人表示，為了提高自己的身價，會另外進修知識和資訊，或是努力擴展人脈。

而在該網站的另一項調查中，有百分之七十的人表示「如果能活用經驗、技能，並且值得去做的話，就算為轉職而必須遷居，也會積極考慮」，有百分之六十一的人認為「若是一份值得去做的工作，就算年薪低於前一個工作也在所不惜」。

而且，有百分之七十六的人表示「未來打算自行創業」，百分之八十一的人回答「如果公司允許從事副業，就想從事副業」。

由此不難窺見，商務人士的心思始終在高升、轉職、獨立、創業……等各方面擺盪。

那麼，三十歲後的商務人士該如何思考未來呢？

首先，**如果目前的工作尚未結束，不宜考慮轉職或創業**。最糟糕的就是暗自追求理想而一再換工作。不應該這樣，第一步，請先結束目前的工作。

若能明確看見自己無論如何都要追求到底的目標，而且深知待在目前的職場永遠無法達成所願時，才是積極思考轉職的時機。

「積極性的不滿」是促成轉職成功的最佳種子。

那麼獨立創業又如何呢？

自由工作者的好處是一切皆可自行裁定，也沒有所謂的退休年齡。對自己的專業技能有自信的人，才有考慮當自由工作者的意義。

如果企業認為這項專業，與其招募員工來做不如外包出去，那麼你獨立的第一步就算成功了吧。

不過，接下來的事情請你先仔細考量清楚。

你是否具有強烈的熱情，將這項專業視為你一生的志業？

此外，獨立後，為了工作穩定，你勢必得自己肩負起生計。

許多不擅組織運作、獨立後大喊「終於自由了！」的人，卻忘記經營事業的重要性，結果日後以淚洗面甚至放棄，這種例子我見多了。

還在公司上班時，這些「經營工作」是由別人幫我們做的，一旦獨立後，就得自己從頭包到尾了。然而有這種覺悟的人並不多。再次提醒，這點千萬別忽略了。

而心中已有相當明確的「想做的事情」，甚至不惜辭掉工作，其孜孜矻矻就是為了自行創業。因此，創業主題十分明確的人，請務必一試。

有些人是因為「想辭掉工作」、「想自己當老闆」、「覺得很帥氣」等理由而以創業為目標。

對於這些人，我想給個忠告——請務必打消創業的念頭。

對於事業，如果你沒有明確的主題、沒有想法，只是先有創業念頭，後來才決定「要做什麼」、「要賣什麼」的話，或許短期內能成功，但不可能永續經營下去的。

留下、轉職、獨立創業……。

沒有一定的對或錯，也沒有絕對的好或壞。

三十歲以後的人，必須綜合考量自己的「**狀況**」、「**想法**」、「**工作能力**」、「**今後的目標及夢想**」後，絕對不要因一時衝動，而是具戰略性、企圖性地採取行動。

立志當上領導者，職涯變穩定

大多數人的職業生涯自始至終都是上班族，但身為上班族總有許多的煩惱與不安。「Recruit Career」公司針對三十五～四十四歲、年薪一千萬日圓左右、未來有望成為領導者的一千名商務人士進行一份網路問卷調查（實施期間：二〇一四年六月十七～十八日。調查對象：年薪七百五十～兩千萬日圓的商務人士）。

對於「你認為今後能順利往上升遷嗎？」這個問題，有百分之六十七點五

35～44 歲對升遷的期待

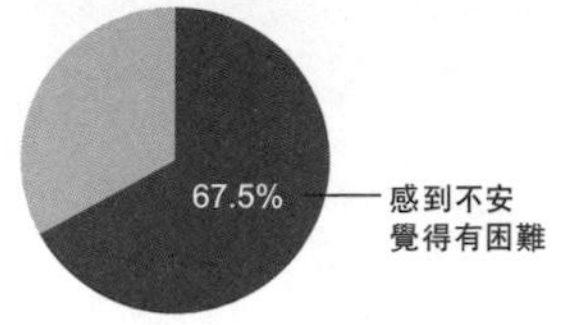

的人回答「感到不安」或「覺得有困難」，可見大多數人都對未來憂心忡忡。

至於理由，最主要的原因是「在現公司很難晉升到更高階的要職」（百分之三十二點五），其次是「近年來，和年輕時相比，自己的成長停滯了，或是感覺快要停滯了」（百分之二十四點二）。

此外，對於「已經描繪出今後的職涯計畫了嗎？」這個問題，以三年來看，有六成以上回答「明確描繪出來了」或是「有概念」，但若以十年後來看，反而有六成以上回答「還沒有描繪出來」。

另一方面，對於「想積極向更高層挑戰嗎？」這個問題，「想積極挑戰」和「有機會的話就會挑戰」的人占了百分之七十七點六，可見大多數人都有相當的企圖心。

也就是說，人人感到不安，也想勇於挑戰，但看不到十年後的狀況，因此也不知該如何努力才好。

如果你的職業生涯就是當個上班族——有兩條路可走，一是在目前公司一步一腳印地走上升遷管道。

另一條路是，萬一公司無法提供滿意的升遷管道，就要自己不斷創造自己憧憬的升遷之路。

你目前的公司，未必能提供你最理想的職業生涯。

很多時候，你認為最理想的、可挑戰看看的位子，已經被其他同事占去了。

再說，數十年前，大家就說一家公司的壽命只有三十年，如今甚至嚷著「公司的壽命只有十年」，可見這是個變化多麼激烈的時代。

也就是說，**你目前待的公司很可能比你的職涯更短命**。

我經營一家公司，主要業務是專業獵才，也就是幫助立志成為領袖的人士換工作。

不過，我並不建議大家為了換工作而換。沒有耐性而一再更換工作的人，本公司婉拒提供協助。

因為唯有一一克服所肩負職務的三十歲以上人士，而且能夠積極面對已預見之可能性的人，才擁有主動挑戰下一次機會的權利。

於此前提下，如果你在目前的公司無法實現願望，在這個二十一世紀、自由且開放的時代，你在尋求「公司內部異動」的同時，也可以進行「公司外部異動」。因為這樣才能促使人人發揮實力，創造出更美好的社會與經濟榮景。

為此，我希望更多人能夠獲得成為一位優秀領導者的機會，能夠不斷大大地勇於挑戰。而我將會利用本書助你一臂之力。

我相信其中不少人會以一名雄心壯志的企業經營者自居，帶領企業成長、脫胎換骨吧。

讓人生最後一次的轉職大獲成功

本書的主題是讓「三十歲後的最後一次轉職」大成功。我說過很多次了，不論是換工作、公司內部異動、獨立創業都一樣，能在三十歲後獲得「大轉機」，絕對是你職業生涯中最珍貴的寶藏。

為什麼？**因為若在三十歲後不能獲得「大轉機」，之後的四十、五十、六十幾歲的職業生涯極可能陷入危機。**

三十歲以前要確實打好基礎，然後以此為跳板，挑戰更上一層的職務或事業。

在此時期，要把自己丟在不同以往的環境中，從最初的成功經驗、獲得成功經驗的環境中抽身，於新的戰場從零開始，再次完成任務。

此時所獲致的成果、新習得的技能，都將帶給你自信與魄力。

三十歲後若能勇於挑戰，四十歲以後便無須擔憂。

若三十歲後持續逃避，這筆帳會在四十歲以後反擊吧，到那時就為時已晚了。別畏懼，勇敢迎向三十歲後的大挑戰吧！

chapter
2

經營三十歲以後的「理想職涯」

具有成就感、高年薪、理想環境的未來規劃

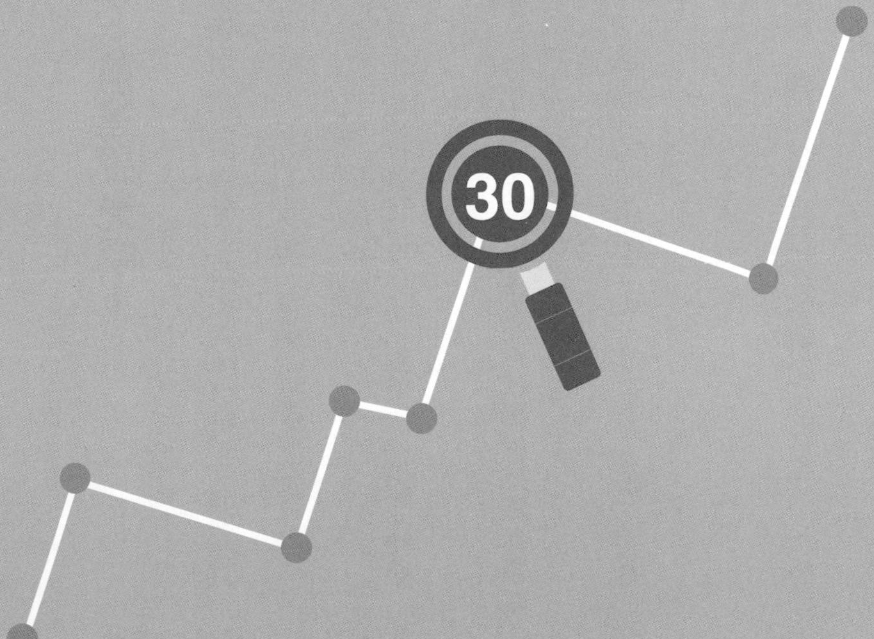

三十歲時多努力，前途更光明！

我一再提到，**三十歲後是人生的轉機**。若說這段時期可決定人的一生，絕不為過，至少，在三十歲後，人生的方向不論好壞都已經固定了。

人到了三十歲後，是對工作抱持著自信、立足點已然穩固的時期，而且，對未來的展望逐漸清晰，心情也感到游刃有餘。

很多人到了四十歲便開始焦慮。**四、五十幾歲才開始挑戰新事業，有點「起步太晚」了**。

想在最佳狀態時早一步經營自己的職業生涯，就絕不能讓三字頭這段黃金歲月白白虛度。

請在三字頭這段時間內，仔細檢視自己入社會以來的步伐，然後描繪出未來三十年的展望吧！

每個年齡層會遇到的各種人生課題（就學、畢業、結婚、生子等），基本上是可預測的。

然而，自己所描繪的工作目標或想像，說穿了不過是當下的預測和願望，未必能如願以償。

描繪願景非常重要，但若不能朝向既定目標付出必要的努力與投資，是無法到達理想境地的。

不過，**太過固執於職涯願景並非好事**。

因為，今日所描繪的願景，在努力個三、五年後，眼前又會看到另一番嶄新的願景。

換句話說，願景必須時時檢視、重新描繪，在盡情想像的同時持續更新，力求更貼近自己的期待。

重要的是，必須在三十歲後好好養成這種態度與習慣，懷抱展望，向眼前的課題邁進。

能在三十歲後培養出這種「職涯規劃力」，四十歲以後碰到任何局面，自然能積極地修正方向和軌道，轉換戰略，逐一克服難關。

三十歲後如何創造理想職涯？

欲實踐「五十年職涯」極大化，必不能缺少長遠的視野。其實，從二十幾歲到六十幾歲，每個年齡層所須具備的能力皆不同。

首先談談為了讓職涯極大化，不同年齡層該如何建構職涯呢？

針對此問題，瑞克魯特職業研究所（Recruit Works Institute）的大久保幸夫先生有一個「泛舟、登山」理論，相當有用。以下，請容我將這個理論稍以個人見解來說明。若希望詳細了解理論內容，請參考大久保先生的著作《成為企業最想要的人才》。

二十～二十九歲為泛舟期

這個階段是**「來者不拒地順激流而行」**的泛舟時期，也就是透過**自己的職務，徹底學會基礎工作的時期**。

或許是五花八門的資訊越來越多了吧，最近許多年輕人還沒工作就先抱怨：「請給我更有意義的工作吧！」、「這工作究竟有啥意思？」各家公司的經營者、人事主管、直屬上司莫不搖頭嘆息。

二十幾歲的上班族應該「把交付的工作做到百分之一百五十、甚至兩百！」只有百分之百絕對不夠！必須展現一名社會新鮮人的衝勁。

而且，必須先確立自己在公司內的一席之地，亦即「社內品牌」。

這對三十歲以後的職涯大有助益。

三十～三十九歲為登山起步期

這個階段是「開始登山」的時期。

提升職涯的「登山、泛舟」論

二十幾歲持續「泛舟」後，到了三十歲左右，就該改變一下模式了。年紀還在二字頭的時候，只要將公司或上司交辦的事情做完就算過關了，但三十歲以後，可不能只做交代的事情而已。

也就是說，必須自己設定「要攻頂的那座山」，然後開始往上爬。並非違背公司命令。即便是上司交辦的任務，你也應該有自己的詮釋並賦予主題，將此任務當成志業。

亦即，不把工作當成「被迫而為」，而是當成自己的人生志業般確實投入。這點非常重要。

三十歲後的目標，就是當一個可以自己決定工作、完成工作的人。這麼一來，你就能隱約看出自己的志業是什麼了。

在此時期，如果可以，不妨將自己的「社內品牌」進一步擴展出去，放眼於今後將與自己息息相關的業界，為了建立「業界品牌」而逐夢踏實。

四十～四十九歲為攻頂期

四十歲開始是「攻頂，然後以另一座更高的山為目標」的時期。

這時期**應該有些攻頂經驗**了。但是，切勿自滿，繼續眺望更高的山吧。

例如晉升為單位的主管，或是專案的領導人等，總之，請努力做出實際成績。

攻頂後，希望你能繼續往下一座山持續挑戰下去，不可重複攀爬同一座，請朝向其他類型或是更高的山邁進吧。

順便一提，只要上了四十歲，就能陸續看出誰是能夠站上巔峰（當上社長）的人了。

想挑戰更高年薪的人，請立志在五十五歲以前當上社長。

在二十一世紀，五十～六十九歲的理想工作典型，仍是未知數

對於五字頭與六字頭的人，在今後這個時代的理想工作典型為何，老實說，我還不能確定，只能憑現狀以及對不久將來的預測進行評論。

● **20～29歲**
徹底學會基本工作技能的時期。

● **30～39歲**
對工作附加自己的觀點與主題的時期。

● **40～49歲**
做出領導人實績的時期。

恐怕今後的五年、最遲十年內，從之前提及的種種環境因素來看，這個年齡層的人普遍的工作模式，應該和今天的四字頭的人一樣吧。

就這層意義而言，或許可以想像成跟**四十歲後的「攻頂，然後以另一座更高的山為目標」**一樣，但以現狀來看，「暫時下山，站在平原上眺望著山」這種情況應該不少吧。

也就是說，即便擔任要職，年齡一到，多半就要從最前線帶領眾人的立場退下來，變成在後面守護、支持新生代。

正因為如此，這件事非同小可，是極為重要的任務。因為能將知識與價值觀傳承給下個世代，我們的社會與經濟才得以永續發展。

另一個模式是**「下山，以另一座平原為目標」**。亦即當成事業第二春，投入其他業務較不繁重的職業，或是獨立、開業。

例如，從事研究職或是撰寫著作等等，從最前線退一步，擔任分享心得、貢獻所學的工作，如果你打算活到老做到老，這是相當富魅力的選擇。

當然，可以預見，四十歲之前就將成為事業領導人的能力全部奠定好，到了六、七十歲以後仍能活躍於經營高層的人，今後肯定愈來愈多。

這個年齡層的人由於閱歷豐富，其經營管理風格都將與年輕的經營者截然不同。

以上，是我認為各個世代的最佳職涯經營方式。

若在二十世紀的企業社會，「將自己的職業生涯交給公司」或許可以，在抵達屆齡退休這個碼頭之前，完全依照公司安排的路徑前進也是一種生存方式。

不過，時至今日，人人都該認識到，**已經沒有企業能夠做出如此的保證了**。只會一個指令一個動作、無法對公司做出貢獻的人，很抱歉，企業可沒有閒錢養這種人。

你會如何經營你的職涯呢？

提出問題

續留公司也是一個選項

或許你認為不滿現狀就該換工作，其實大錯特錯。對現職不滿而中途落跑的人，到了新工作地點，依然會面臨相同的衝擊。

不能衝破職務關卡，就無法進一步成長。半途而廢、不斷換工作的人，**不論到哪裡都會撞到同樣的牆壁、遭遇同樣的麻煩**。

不少人就是沒認清這點，終其一生都在面對相同的課題。

「和上司、同事處不來，想換個工作……」

那麼，換一個新環境，就不會遇到跟上司、同事處不來的問題了嗎？

「受不了繁重、超過負荷的主管業務……」

那麼，新公司不給你這類壓力大、必須負起責任的主管業務也無所謂囉？

我不認為到了新公司，主管業務就會變得比你目前的公司更簡單。

當然，或許你目前待的是一家「黑心企業」，對待員工太過苛刻，而且是毫無制度的爛公司。這樣的話，也許換個職場才得以大改善吧。

不過，即便是「優良公司」、「人氣企業」、「票選最想進的公司」，其工作環境也不可能對任何人來說都是瑰麗的人間天堂。

某個意義上，所謂企業組織，無論它處在何種階段，都宛如一個抱著課題或主題前進的生物。

在此狀況下，即便位於同一職場，都同時並存著有幹勁而兢兢業業的人，以及討厭目前工作的人。兩者的差別就在於**「有無主軸與主題」**以及**「自責、他責」**、**「有無完成的能力」**。

「無主軸、主題」、「他責」、「無完成能力」的人，他們的轉職屬於負向消極的轉職。在此奉勸這些人還是打消這種念頭吧。

在現職中竭心盡力，「找到主軸、主題」、「心態由他責轉變成自責」、「擁有實績與自信」，這幾項都達成後，再來談轉職。

那麼，哪些人應該轉職呢？

就是「在目前的職場將能做的事情確實做完的人」。

「有主軸、主題」、「自責」、「有完成能力」的人，他們的轉職屬於正向積極的轉職，狀況如下：

目前工作中所能進行的挑戰全都完成了，目前工作上的一切事務都能搞定，目前的工作和公司無法提供進一步的挑戰。

成長中的寄居蟹必須褪去小殼，移居到大一點的殼裡——。到了這樣的轉職階段，三十歲以後的人都會朝下一個舞台邁進。

轉職是「進階」的有力手段，是達成自身工作的主題與主軸，將生涯極大化的絕佳手段。

反之，若非為了上述目的，我不建議你使用轉職這個手段。倒不如決心待在目前的職場一路做到底，這對你今後漫長的職業生涯更重要。

希望你轉職的心態是正向積極的。

「年輕人」、「便宜的人」會來搶你的飯碗！

一如之前「泛舟」、「登山」論所述，三十歲後是工作轉換期，宜從「來者不拒」時期轉換到「自己確立主題，朝目標邁進」時期。

而且，工作進展方式能不能就此急速拉大差距，也是決定於這個時期。拉大差距的原因在於，你是因循苟且地「聽命行事」，還是「思考工作意義，自我要求更高」。

搞不好別說三十歲後，有人到了四、五十幾歲，對這部分的差距仍無自覺，令人愕然。

不論各行各業，若是「上面交代什麼做什麼」，乍見彷彿是老實耿直的員工，其實箇中有兩種意義，都是有害的。

第一種意義是，由於這種員工沒有為自己增加附加價值，自然無法提升業務的附加價值，搞不好時間久了，工作變成例行公事後，其產值及附加價值都可能比以往更低落。

第二種意義是，由於這種員工沒有下工夫發揮創意，自然無法提升自己的人才價值，也就不能期待他有所成長。

對公司來說，相同的工作，當然寧願採用**更年輕（可以待在公司久一點）、更便宜（節省人事費用）**的人。

換句話說，「上面交代什麼做什麼」的人，遲早會被年輕人搶走飯碗。

另一方面，對公司而言，「思考工作意義，自我要求更高」的人，不論短期的、中長期的附加價值都會應時衍生出來，當然值得期待。

而自己不斷提升、進步後，就更有機會獲得更高階職務，這點不言自明吧。

「上面交代什麼做什麼」，實在是一種啃噬未來的行為。

三十歲以後的人若想滿意地度過「五十年職涯」，就請務必「思考工作意義，自我要求更高」。

成功者皆於三十歲後迎接大轉機

究竟何時開始傳出「三十五歲轉職大限說」？

近年來，日本的厚生勞動省規定雇主不得在招募人才時定出年齡限制（台灣的《就業服務法》也有此規定），因此在公開徵才的媒體上，已經看不到這項條件了（少部分職缺因特殊原因而例外）。

在此之前，的確很多企業會在徵才廣告上註明雇用對象的上限年齡為三十五歲，這是不爭的事實。

這件事背後有幾個原因，請容我略為說明。

為何過去很多企業徵才廣告上的年齡條件設為三十五歲以下呢？

這是因為公開徵才的公司，不論何種職務類別，幾乎都是徵求畢業後第二次就業的人～課長職等的中階主管。

而擔任這類職務的人，年齡落在二十～三十五歲。

因此，不論從人事上，或是從待遇、升遷等方面考量，公司的徵求對象勢必屬於這個年齡層，才不會造成公司內部相同職務者之間的年齡落差。

另一方面，部長職到董事、社長等領導階層的招聘，一般難以透過徵才廣告來公開招募。

如果，你發現你任職的公司在徵才網站或是報紙廣告上，公開刊登「徵董事長」，或是「急徵！財務長和業務部門執行董事」等徵人廣告的話，肯定會大吃一驚吧！

事實上，這類徵才需求不僅外資，就連日系企業也在二〇〇〇年以後逐年增加。不過，考量到投資人關係（Investor Relations, IR）的維護、對顧客及員工的影響等，高階主管的聘任案一般較難採取公開招募方式。所謂投資人關係，是指企業針對股東、投資人提供財務狀況等對投資有益的資訊。

因此，這類高階職缺多由專業獵才公司代為媒合。

就現實的徵求條件來看，三十五歲是當上領導人才的基準年齡。

大致而言，三十五～四十幾歲是儲備部長、儲備董事，四十到五十幾歲是董事職、社長職，而大型公司的社長聘任案、企業再生的社長聘任案等，甚至會以六十幾歲、具影響力的經營者為對象。

因此，三十五歲豈止是轉職大限，更是朝向職涯極大化而必須正式邁開大步的年齡。

請你在三十五歲前，仔細思考下列事情：

我今後是否將朝管理職方向前進，晉升到率領部隊作戰的經營管理高層？或是擔任專業職務，繼續鑽研專業技能？

打算將下半輩子投入哪種職務、哪方面的商業領域？

我將以哪一種主題的工作為志業，終身追求下去？

三十五歲是**開始鞏固立足點的時期**。

在此時期，能夠清楚自己的主軸的人，以及渾渾噩噩過日子的人，會開始拉大差距。亦即，三十五歲是必須確立出職涯方針的時候。

例如你想待在零售業界。那麼，你必須具備零售業人才該有的能力，還要學會市場行銷術，並且深諳財務管理知識。

諸如此類，能針對今後的職涯明確指出方針並採取行動的人，不久就會將工作變成畢生志業。

沒有方針的人不會有志業，而且只會做著眼前的工作，過著毫無挑戰性的生活。他們的職涯將停滯不前。

事實上，我所見過的專業經營者，幾乎人人都是在三十五歲之前迎接人生的大轉機，例如有人第一次換工作、有人接受重大人事異動令、有人被派到海外、有人留學攻讀工商管理碩士……。

當然，也有些人獲得公司給予的機會，大致上，他們都能抱持「**好，我今後就接受這方面的挑戰**」、「**首先，我要把這份工作摸得一清二楚！**」的想法，確立自己的意志。

此時最重要的不是得到正確答案，而是懷抱明確的意志，並且付諸行動。

但是，即便是專業的經營者，在這個當下確定意志並付諸行動的工作，也不見得能夠與四、五十幾歲的職涯做連結。

他們在三十五歲前付諸行動，結果在下一個職務上又學到很多事情，讓他們能進一步描繪願景，修正軌道，或是注意到完全不同的方向性後，繼續採取行動。這整個過程讓他們的職涯方針更加明確。

三十五歲前，應先讓自己有「懷抱宏大的意志並付諸行動」的經驗，這個經驗將成為你奠定職涯開拓能力的立足點。

這也將是你培養強大自信的第一步，讓你未來能夠以經營者、領導者之姿大展身手。

比平衡工作與生活更重要的事

三十五歲並非「轉職的最後期限」。

以晉升領導者為目標、想提高年薪的人，亦即希望將職涯極大化、將生涯年薪極大化的人，對他們而言，三十五歲毋寧是個起點。

因此，三十五歲可說是鞏固立足點的時期。**請你重新仔細思考「三十五歲」這個確立自己工作觀的期限。**

你今年幾歲呢？

如果你即將三十五歲，請馬上確立出值得畢生投入的志業。如果你有肯定的目標，就鼓足勇氣朝它邁進吧！

如果想不到適合的工作，暫定一個也無妨，請先決定出一個方針來。要決定方針，收集資訊是不可或缺的。你必須閱讀，並多到各地走動，尋求新的機會。

如果你已經超過三十五歲，請你想一想自己有沒有「懷抱宏大的意志並付諸行動」的經驗。

有此經驗的人無須擔心。請懷抱自信，一邊描繪接下來的四十歲、四十五歲、五十歲的藍圖，一邊建構自己的職業生涯吧。

無此經驗的人，請先確認自己此刻能夠毅然決然投入的職務和角色是什麼。只要願意忠於這項職務和角色，就勇於投入吧。

如果連願不願意忠誠以對都不確定，那就該有危機感了。這樣下去，很可能渾渾噩噩地結束一生。

芝麻小事也無妨，請就目前的職務，**列出「還可以有另一種做法……」的事情**。然後明天起，找出一件列表中的事情，實際付諸行動吧。

從大事到小事，養成掌控自己人生的習慣，是接近理想職務的第一步。

世事無法盡如人意、不知何時會發生什麼事，這就是工作生涯。正因為如此，得要抱持著「自己的職涯自己救」的意志及行動力。

今後，社會情勢及經濟狀況的波動將愈趨激烈，著實難以想像未來會是太平盛世，弄個不好，激烈的浪潮轉眼波及我們腳下，而被帶著走、隨波逐流。這就是我們所處的時代。

有些缺點會讓你在30歲後無法成功轉職！

- □行動的速度感
- □行動的穩定性
- □學習習慣
- □個性的豐富度

其中任何一項低於一般水準的話，將成為轉職的致命傷！

相信任何人都不願意莫名其妙被迫隨波逐流。人生僅有一回，**若不自己掌握方向盤、踩油門，實在太可惜了。**

最近流行「在工作與生活之間找到平衡」，無論生活上、興趣上都有個人的目的及目標，這點相當重要，它將豐富我們的人生。

只不過，前提必須是我們已經確實確立好工作，讓我們能夠賺到錢生活下去才行。如果生活動盪不安，哪來的豐富人生。

也就是說，要明確奠立工作上的目的和目標。唯有在工作上發光發熱，人生才能燦爛輝煌。

發揮優點？或是改善缺點？

要順利轉職成功，應該先發揮優點或是克服缺點呢？

就結果而言，兩者都很重要，不能二選一。再說，如果你三十歲以後的職涯規劃是日後成為領導者、中階或高階主管的話，那麼「發揮長才」絕對不可或缺。

如果你的工作能力和其他人一樣，表現平平，那麼後半生要脫穎而出是非常困難的。**如果你不能擁有一兩項自己獨特的「絕活」、「專長」，三十歲以後難以轉職成功。**

而在「改善缺點」方面，如果你的實務基礎能力「低於一般水準」，很可能成為日後拓展職涯上的致命傷。

例如，行動的速度感、穩定性、學習習慣、個性上的豐富性等，如果你在這些方面有缺點，又不能在三十歲後期間內克服成功的話，前景堪憂。

龜兔賽跑這樣的事情也是在三十歲後開始發生的。學生時代、新鮮人時期發揮令人驚艷的才能與見識，後來卻不知不覺停滯不前，這種人我看多了。

這是因為太過自恃年輕時的才能與見識，在踏入社會後的漫長生涯中，並未持續學習，也未兢兢業業地努力、磨練所致。

此外，不少人年輕時僅憑才能優異受到肯定，但在待人處事方面並不長進，到了三十歲後要開始承擔重任時，因為周遭的人不願配合就升不上去了。

總之，在專業方面要「發揮所長」，在工作能力和待人處事方面要「改善缺點」，兩者缺一不可，請務必認清這點，並努力對應、改善、開發。

具體描繪職涯藍圖！

本書一直使用「職涯」、「職涯規劃」等用語，而「描繪職涯藍圖」這個用語、概念，老實說，在實行上是很困難的。

社會上有職涯顧問這種人存在，也有很多專門提供職涯諮商輔導的顧問和企業。

請注意，**千萬別掉進他們那個空泛的「職涯」概念中**。

曾有幾位來自不同大型職涯中心的業務負責人持續找我諮商。

一問之下，才知該公司舉辦規模龐大的職涯願景研修，讓中堅世代以上的人描繪職涯藍圖。

結果，描繪出「這就是我的職涯願景」就沒了，還讓大家一起發表自己的願景。但是，很遺憾，這並非可喜可賀之事。

描繪職涯藍圖固然很好，但如果問到是否就能美夢成真，答案是：未必。因為你想去的部門未必有你希望的職缺，就算有，就算你認為那是你的願景，公司也未必認為你是那項職務的適合人選。

或者是你的理想工作地點是在別家公司，也有可能是自行創業。

「該如何是好？井上先生。」一位知名大型職涯中心的業務負責人這樣問我。即便是聲名遠播的職涯中心，也不乏這種窘境。

找了腦袋聰明的人或是外面的著名顧問公司，然後花大錢設計出來的職涯規劃課程，真相就是這麼回事。

以抽象角度來看「職涯」是非常危險的。

我們都是因為有現實上的職務和職場，才得以發揮我們的職能。描繪一個不存在的理想國有何意義？

我們該做的不是玩描繪抽象職涯這樣的家家酒，而是仔細思考具體的職務，想清楚「我想做什麼樣的工作」、「我想從事什麼樣的職務」後，就放膽去做。

還有，描繪未來的藍圖、目標、目的，這件事本身沒錯，但不應該過於執著。五年後、十年後、二十年後，不但時代會變，你也會因為累積了數年職務經驗而脫胎換骨。因此，你目前描繪的十年後模樣，以及明年、再明年，你在一兩年後的地方所描繪的十年後模樣，都可以有所變化。

意思就是，你應該一直在變，這才表示你進步了。

比起「職銜」，更該確立「個人品牌」

我想再強調一次，在今後的商業交易或是事業開展上，「企業內個人」這個概念非常重要。

與「公司對公司」相比，「你」對「對方公司的○○先生／小姐」這種商業局面會比之前更多且更為重要。

就這層意義而言，**例如你在進行自我介紹時，請務必提到「個人」**。

之所以這樣說，是因為我從事獵才工作，看過太多候選人的職涯了，發現相當多人的自我介紹中沒有「自己」。

很多商務人士在自我介紹時，談的並非「自己」，而是「公司」的資料，例如僅提「目前上班的公司名稱和部門名稱」、「職務名稱」、「負責的商品、服務」等。無須過度提出個人資料，但自我介紹中到底要介紹多少個人的特質，希望大家能把這件事放在心上。

專業技能、實績、有何講究與堅持、想做的事、理想，甚至是家人、居住地、興趣、成長過程等，只要能成為「武器」的資料，就要在自我介紹中提出來。

反過來說，接收對方的資料時，如果也能特別注意這些部分，會很有幫助，因為你就能清楚看出對方的價值觀與行動背後的思考模式了。

明確地樹立個人旗幟，彰顯「我是這樣的人」，這點非常重要。特別是想爬上高層的人，今後更須確立出「個人品牌」。

舉個實例吧。我見過一位曾經是某知名企業社長的人物。他擁有非常了不起的經歷，然而我看著他的履歷表和他談話時，他只說了「我當了兩年社長。之前是擔任○○部長，再之前是……」。

我甚至主動問起：「在您當社長的兩年期間，有什麼樣的成績呢？」他也完全沒有說明具體的實績。這樣的話，我**根本無從判斷他的能力**。

尤其你要換工作時，務必明確地說明自己過去擔任的職務中，在那段期間內負責什麼樣的任務，然後因為做了什麼事而獲得什麼樣的成果。這點非常重要。

後面我會再詳細解釋，總之，我在指導別人進行職涯規劃時，都會要求他們凡是談及職務、撰寫履歷表時，一定要徹底表達出「事實」、「數字」和「邏輯」。

如果你要在三十歲以後順利轉換工作，切勿忘記這點。

你想建立怎樣的個人品牌呢？現在起好好想清楚，絕對有利於成功轉職。

chapter 3

聰明戰勝「年輕又便宜的人才」

在轉職市場過關斬將的方程式

明確知道「工作目標」的人贏定了！

從二十多歲的新手時代到三十多歲的中堅時代，是學會工作、奠定工作基石的時期，因此必須徹底琢磨「自己的能力」，亦即重視該如何磨練技能。不論職務異動或是轉換跑道，如果你是新手～中堅世代的人，公司會依你的潛力和實務適應能力來任命、分配工作，因此你只要磨練好實力就沒問題了，這是這個時期的學習重點。

新手～中堅世代較易受到景氣與時代需求的影響。而網路工程師、會計財務人員等職種，以及擁有特殊技術、特別技能的人，在轉職市場中比較吃香。

如果這時候錯估形勢，就會在短期間內不斷換工作，到了三十多歲就有「戰績輝煌」的履歷表（一、兩年內換了好幾個工作）。這恐怕會形成你日後職涯發展上的大問題，千萬不可輕忽。

接下來，在三十多歲中堅世代以後，你能否明確知道工作目標，對於未來的工作人生將產生莫大影響，若能明確知道自己的主題與目標，你的職涯進展就會大不同。

三十歲起，請立志成為一名領導者。

說得白一點，不論是職務異動或是轉換跑道，是否明確知道工作主題與目標，將決定你有沒有希望晉升領導與管理階層。

能夠在此階段更上一層樓的人，都是在三十五歲起就做好職涯規劃，把「下一個光輝的舞台」設定成「領導、管理階層」。

而在此階段**無法轉換職涯階段的人，便會停滯在被使喚的差事上，到了四十歲以後，工作就被二十多歲、三十多歲的人搶去了**。

我在書中一再提到，同樣的工作，公司當然希望找年輕又便宜的人來做。

到了四、五十歲，對於志業的主題，你能不能胸有定見，清楚知道自己為何從事這項工作、為了何種目的做這項工作，將決定你是更上一層、更上二層地活躍於經營領導階層，或是終其一生待在被使喚的工作崗位上。

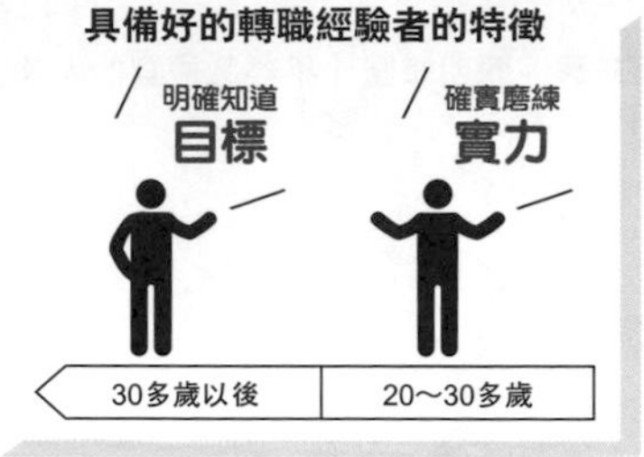

隨著年齡增長，你的職涯主題也必須從「磨練技能」到「訂立目標」，然後再轉換到「了解原因」、「知道目的」。

但很少聽見大家談到這個道理，一般的職涯諮商，你也不會得到這類忠告吧。然而，現實卻是如此。請將這件事牢牢記在心裡，再投入轉職行動。

你是否已經明確知道你的「工作目標」了呢？

別變成一個不斷換工作的人

不斷換工作的人，下場通常淒慘。二十多歲時心不在焉、自我感覺良好，三十多歲才慢慢注意到情況不對勁，到了四、五十歲就有苦頭吃了。

說穿了，不斷換工作的人，只是**靠著那些年紀更大、薪水更高的人不斷換工作才有飯吃**而已。

即便你換到了你想去的地方，和你走在同一條路上、能做和你一樣的工作、比你年輕且薪水更低的人，還是會來「搶你飯碗」。這點我後面會詳細說明。

三十歲之前確實打好工作的基礎，然後在三十歲後進入下一階段的登山期，這是將職涯極大化所必須做好的事。

然而，不少人在三十多歲的換檔期之前，就讓自己的職涯留下污點，搞垮了工作人生。就環境因素來看，在剛畢業、畢業後第一次轉職時期去應徵「人才需求過高的業界」、「需求人數眾多的職種」的人，越須注意這點。

我來舉幾個三十歲以後開始吃到苦頭的例子吧。以這十年左右的案例來說，一個是「電玩業界的工程師」、「網路類的技術人員」，另一個就是「會計人員」。

二〇〇〇年以後，電玩工程師、網路類技術人員等，不斷從遊戲機系和個人電腦產業轉移到手機和智慧型手機產業，由於開發技術人員不足，造成人才需求持續過熱，讓企業對剛畢業和畢業後第一次轉職者的搶人大戰越演越烈。

曾經有段時期，甚至有企業開出應屆畢業生年薪可高達八百萬日圓、一千萬日圓。年輕人的轉職市場幾乎可說是有人一舉手就錄用，這樣的時代持續了十年以上。這段期間，很多人只要有點不爽就丟辭呈、只要其他公司提出更優渥的薪資條件就跳槽。這些案例履見不鮮。

每一～兩年就換一次工作，到了三十歲就已經累積了換五、六次工作的經歷，之所以會造就出這種人，各企業和人力資源公司皆難辭其咎。

二〇〇〇年代時期，這種現象在企業公開募股的熱潮助長下，即便情況不像電玩、網路工程師這麼誇張，但會計工作也出現相同的現象。

如今這些人都已經三十多歲，由於他們在短期間換了好多次工作，這樣的經歷讓企業不太敢錄用。

因為這些人並未在一個職位上好好學會所有職務，很難說他們具有中堅世代級的能力，當然不受企業歡迎了。

如果在某個時機點意識到自身狀況而修正軌道，這種人還有救，但拖拖拉拉超過三十歲還不斷重蹈覆轍的，依然大有人在。

這些沒有覺悟的人到了四十歲以後會怎樣呢？「想當年明明我是一個很有

能力的人才，怎麼……」恐怕不得不陷入這種慘澹的心情中了。

優秀領導者必備的三大要件

有人自豪地說：「我收到獵才公司寄來的三十件企業邀請。」其實，這真的只是獵才公司的「**職缺介紹**」罷了。而這種情形，有時候是人力資源業者所造成的誤解。

例如，將轉介職缺的郵件主旨冠上「邀請」之名。會用到「邀請」這個詞應該是已經獲得企業內定才對。

從前，有一位履歷並不出色的人來找我諮商，他說：「我已經收到十家企業的邀請了。」害我很不好意思，竟在內心驚呼：「咦？這種人也能夠收到十個邀請？」

一問之下才知道，他是收到幾家人力資源公司的案件介紹信。

言歸正傳，為何企業會挖角三十歲以上的商務領導人才呢？

就我目前遇到的轉職者而言，我發現很多人並不知道「企業獵才的理由」。不論你跳槽是為了提高年薪或提升職涯，如果不了解企業獵才的理由，絕對不可能成功。

企業獵才的理由是：「想要有所改變，開創新局。」剛創立新的事業，想要盡快獲利；目前的事業陷入瓶頸；想要東山再起；經營失敗了，必須重新開始。

「目前進行得很順利，只要繼續維持下去，安安分分工作即可。」這樣的案件不到一成。

如果只要求因襲過去的做法，我認為企業不會專程從外面聘用主管階層的員工。換句話說，如果你收到獵才公司的邀請，那些案件一定是渴望「**創造**」、「**變革**」、「**重生**」。因此，企業尋找的是可以達到這些要求的領導人才。請以成為這樣的人才為目標吧。

若不能認清這個事實，一味自認「應該三顧茅廬來邀請我」，我想最後應該不會有任何企業真正錄用你吧。

在此重申，獵才公司之所以轉介職缺給你，是**希望你為該企業做出改變、開創新局**。

請認清這項事實後，再行確認「這家企業要我面對怎樣的挑戰呢？」當然，這種狀況也適用於你目前上班的公司。

只要抓對重點，而且在起跑衝刺期做出超過預期的成果，你就能朝著將「五十年職涯」時代的「職涯極大化」目標跨出一大步。

三十歲後，不容許因「重視企業品牌」而跳槽

如果你超過了三十歲，還只看重企業品牌而不斷轉職的話，很遺憾，企業會認定你不具備三十歲後應有的工作能力。

社會新鮮人的「就業」，在日本其實就是「就社」，也就是到公司上班，企業看上的是你的潛力。

然而，三十歲起的轉職，雖說是換一家公司，但往往不是「轉社」，而是名符其實的「轉職」，**以「職務」為軸而轉換工作地點**。

另一方面，企業也不是在尋找有潛力的人才，而是為了強化企業組織而要求具體的職務技能，因此，企業聘用的是你的職涯。此外，想跳槽的人，目的不應為了「要成為該公司的一份子」，而是為了「想勝任該企業、該部門所要求的任務而轉職」。

累積工作經驗，進入中堅世代以後，就必須調整心態，重視如何累積實務經驗，以企業人之姿將所學貢獻給事業，並帶動事業發展。

擺脫不了「我是新人」、「吃公司奶水長大」心態的人，幾年後仍然依賴著公司的品牌與印象而無法自立，那就傷腦筋了。

這種人到了三十歲以後，基本上不會有開創出職涯新頁的機會。想躺在企業的搖籃裡安逸度日的權利，頂多只能享受到三十歲之前。

你還執著於企業品牌嗎？不追求品牌而更在意自己能不能完全勝任企業要求的人，才能進階成為企業想要的人才。

年薪八百萬日圓、一千五百萬日圓、三千萬日圓的差異

換工作不能不在意年薪。根據「BizReach」的調查報告，有高達百分之七十七的人對年薪不滿意。

那麼，你現在的年薪多少呢？

依年齡、職務內容、所屬企業、業種業界、所在地區等差異，年薪數字當然也各有不同。而且重要的是，你本身能夠提供多少人才價值，將大大影響你的年薪。

這裡所提的，不過是最大公約數的概論，但是，你在思考今後的事業、職涯，以及從而獲得的收入時，絕對要**認清什麼才是決定年收入的大前提**。

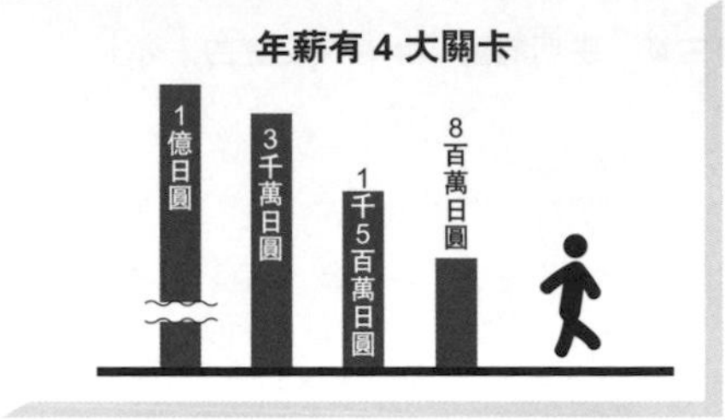

從年薪來看職涯時，我發現存在著四個大關卡。

分別是「八百萬日圓」、「一千五百萬日圓」、「三千萬日圓」、「一億日圓」大關。

「八百萬日圓大關」，是依**「商務技能」與「企業獲利能力」的差別**（是否為賺錢行業）而定。

超越年薪八百萬日圓大關，這件事本身並不容易，況且這裡還有個「陷阱」，就是年薪能否突破八百萬日圓，比起你本身的努力，你所屬企業的獲利能力及對人事費率的想法更具決定性。

說白了，就是「年薪想超越八百萬日圓的話，就挑選賺錢的公司」。

提升自己的工作能力固然重要，但如果選錯了業種、業界，不論你再優秀，也無法期待高額年薪。

反之，八百萬日圓在某些行業是執行董事或董事的年薪，但在其他行業，也許只要是課長級就能突破這個數字。此外，有些專業職務，在二、三十歲也有可能超越八百萬日圓。

我個人不建議以平均年薪高低為優先考量來選擇業種和業界，但是，業種和業界決定了年薪，也是不爭的事實。

個別來看，一家公司（社長）是不是很吝嗇，這點也很重要。能夠確實獲利，並將利益回饋員工的公司，以及將人事費用當成經費科目而極力壓低成本的公司，**即便屬於同一業界，給薪水準也可能有幾個百分比～數十個百分比之別**。

換句話說，你必須看清該企業是不是能賺錢的行業，並且願不願意將獲利回饋、投資在人事費用上。如果你想年薪超過八百萬日圓，就要仔細看清楚自己所屬的業界，以及經營者對人事費用的想法。

請重新檢視貴公司的人事費率及報酬制度。我經常對前來諮商轉職問題的人說，不要被對方提出的年薪金額迷住了，應該查明該公司對於人事費分配的規則和想法。

其次是「一千五百萬日圓大關」。從這關起，就是你與你自己決勝負了。簡單說，就是你**能不能勝任經營者級的工作**（在「企業獲利能力的差別」之前提下）。

如果待在主任～課長職就突破「八百萬日圓大關」的企業，你的目標就該設定為部長級這種高階主管，如果待在低於這個數字的企業，你的目標就是擔任董事級以上職務以突破此大關（按比例抽佣制計薪的業務職則是例外）。

「三千萬日圓大關」，通常與**企業的經營規模**以及**分紅制度**相關。

就我所見，基本上在日本「職員的最高年薪」為二千萬日圓。

這裡說的「職員年薪」，指的是依人事制度之給薪標準所給予的年薪。通常必須企業的獲利直接回饋到薪資上，才可能超過三千萬日圓。

換句話說，通常得加上你所負責的業務或是公司的整體收益而領到的分紅獎金。因此，要超越「三千萬日圓大關」，基本上必須擔任社長，或是成為大型企業、外資企業的董事才行。

除此之外，你的目標也可以放在加入創投企業成為創業成員，並讓公司達到高獲利的成果、成為新的股票上市公司。

尤其，未公開上市之高成長、高獲利創投企業的董事，通常都能享受高額分紅，因此不少人的年收入都比上市企業的一般董事或執行董事更高。

最後是「一億日圓大關」。

老實說，一般上班族根本達不到這個薪資。只有**擔任大型企業（年銷售額達一百億日圓以上）的老闆**才能有此鉅額收入。

成為創業老闆的繼承人，自己也是持股的大股東，並接任成為該企業的老闆，或者受聘為大型企業的接任社長，才可能美夢成真吧。

一般上班族要突破一億日圓可說比登天還難。若你依然想挑戰「年薪一億日圓」，那我建議你不要猶豫，創業吧！自己開公司好好努力賺錢吧。

沉潛培養能量的人，轉職才會成功

我就挑明了說吧！

你職辭的理由是什麼都無所謂，因為企業和經營者根本不會對你的理由感興趣。

不管你是新鮮人或中堅世代也一樣，若你是主管級的階層，更是如此。

很多轉職者在應徵時會說明「為什麼要辭職？」、「目前的職務或職場有多不理想（消極的不滿）」等，但這些毫無意義。

企業當然想了解你之前的職歷，但對於你為何想離開目前的公司，就算他想知道也是因為其他原因，例如想知道你的個性、行動模式和癖好。

對於只會不滿和抱怨的人，對方會視為「啊，反正這個人就是不能勝任工作啦」而謝謝再聯絡了。

企業真正想從你口中聽到的是「今後，想做什麼樣的工作」、「想進入什麼樣的公司上班」。

「想離開目前公司的理由」和「想進入下個公司的動機」是兩回事。請先弄清楚這點。

然後，如果你是抱著「積極的不滿」而想換公司，這時候就要把「想離職的理由」和「想進去的理由」做非常積極正向且有建設性的連結。

所謂「積極的不滿」，指的是「想要這樣做」、「想要挑戰這樣的事情」這類積極正向的不滿。

當企業知道你全身上下充沛著你於現職或前職無法盡情釋放的「能量」後，這些力量的可能性就會吸引企業的目光。

轉職者當然有「想走的理由」，但「想進去的理由」才會自然地在你體內沸騰起來吧。

唯有累積這樣的「能量」，才能讓你成功轉換到理想的工作，這是你在新天地大顯身手最重要的準備。

何謂理想的轉職時機？

在一家公司、職場，究竟該待多久呢——？其實沒有一定的年限或期間。總之，要把交付的工作確實完成。對於你所負責的職務，是否已經完成任務。「工作猶如爬山」，是否爬完非常重要。

或許三年，或許五年，也或許十年。比起期間長短，「這段期間內你完成了什麼」這個實質內容更為重要。

偶爾，我會看到有人在履歷表上寫著約在一年內完成了「非常難得一見的業績」。

我不是說這個人撒謊，而是相對於三十歲後上班族所被要求的職務水準，一年左右能達到的成果實在沒什麼了不起。**不要誇大其辭才是明智之舉**。

此外，三十多歲或四十多歲且有過一兩次轉職經驗的人，反而比一次都沒有的人更受好評。

想聘請儲備幹部的公司，通常認為換過職場，在不同的組織裡訓練、穩定下來，並做出成果的人，進入公司後比較可能及早穩定下來。

反之，公司認為在成為幹部之前沒有轉職經驗的人，不論好壞，都已經染上前一份工作的成功經驗和企業文化，因此有可能無法適應新環境的作風和文化。

在轉職市場上，「無法改變」是最糟糕的，也是企業和經營者避之唯恐不及的事之一。

另一方面，每二～三年就換一次工作的人又如何呢？

從二十五～四十五歲，每二～三年就換一次工作的人，等於在履歷表上已經換過五～六家公司了。

我看過很多刻下如此經歷的人。

看到這種經歷，社長的想法是：「喔，那來我們公司也會二～三年後就走人了吧！」

而且，如果心態上沒做好相當的調整，結局就是，有這種經歷的人依然會持續二～三年就換工作。

如果到了三、四十歲還想二～三年就換工作，老實說，前景堪憂。

不但你的職務等級不會再往上提升，縱然三十多歲了還有企業願意雇用，但超過四十歲以後，不會有企業要重用這樣的人了。

給你一個良心的建議，絕對不要不顧自己的職涯和眼前的現實，僅憑簡單的判斷和天真的想法就像陀螺般地不斷換工作。

企業需要懂得「收益思考」的人

三十歲以後能夠持續活躍且不斷進步的人，就能以「收益思考」來計算自己的薪水。

相對地，有一點年資但轉職困難的人，永遠都只能「勞動工資思考」，做出來的成果和領到的薪水不相干。

業績只有一千萬日圓的人，公司不可能付出二～三百萬日圓的薪水。而且，你造成的赤字有誰樂意填補呢？

如果連最低限度的損益計算思考都沒有的人，恐怕無法成為企業的中心人才、幹部人才。

然而，在大型企業的話，儘管已經進入二十一世紀了，依然有很多人不太具有這種意識，甚至完全沒有這種意識。

反過來說，做出成果並且大膽說出「請給我該得的報酬」，這種人在三十歲以後肯定能大顯身手。

「我和另一名同事共同創造出一億日圓的業績。扣掉各種成本和經費，公司還獲利五千萬日圓。這樣的話，我應該可以分紅到二千萬日圓左右吧。就算再扣掉健保費、勞保年金等相關的福利費用，也應該能拿到一千五百萬日圓才對。」

姑且不論這種計算方式是否合理可行，但能以這種立場，在實際的試算下完成每天的業務，是非常重要的。

你的心中可有收益思考？

從業界下游到上游的方法

經常聽到人們在思考轉職時說：「想從下游換到上游的工作」，那麼我們就來談談這件事吧。

例如，「從系統整合商（進行資料系統的企畫、開發、運用的廠商）」換到「企業的資訊系統部門」，從「廣告代理商」換到「企業的宣傳部、行銷部」，以及從「會計師事務所」換到「企業的會計財務部門」。希望能夠如此轉職、改變職涯的人非常多。

這是正確、可能實現的方式嗎？

答案是，**過了三十歲後就不容易實現了，但也並非完全不可能**。以上這些轉職情況的共通點是，先學會專業職能後，想往上游的企業部門走。如果真是這種考量，那麼應該在三十歲前就換好跑道。

三十歲後，你的目標必須放在成為主管級以上的職務。

因此，就算你學會再多的專業技能，你之前一直待在「接案方」，想要應徵「發案方」的業務負責人，但你在「發案」方面的職務經驗還是太少了，不大可能如願錄取。

不過，還是不少人成功轉換跑道。他們的共通點是，他們在之前的「接案」工作崗位上，就已經確實掌握住對方的工作。

例如，對一家系統整合商而言，花多少開發人力和時間、能接多大的案子，或是曾經接過金額多龐大的案子，這些都是工作的實績。

但從發案方的資訊系統部門來看，如何在減少工時人力、降低開發成本下，完成必要的系統開發工作，才是工作的實績。換句話說，雙方判斷評價的角度完全相反。

廣告代理商也一樣。拿到金額龐大的宣傳費用，是代理商的實績，但從企業宣傳部門的角度，該做的是如何有效降低成本，將錢花在刀口上，發揮最大的宣傳效果。

這些有志「從下游到上游」的人，在自己的腦中、在書寫履歷表時，都**必**

須以「反向思考」來理解工作，適當地記述實績。

那麼，確認好這些事情後，你真的希望「從下游換到上游」嗎？請再一次仔細考慮，確認自己擅不擅長以及喜不喜歡吧。

轉職的成功方程式

在我所見過的成功經營者和領導者當中，我發現他們的職涯都有「**在不同階段累積各項實力**」這個成功方程式。

大致可分為以下二種模式。至於各項實力，我之後會詳細解說，在此先來了解一下這個公式。

這個公式對立志成為領導者的人極有助益。當然，對三十歲後的轉職同樣有幫助。

模式1：在公司累積第一線工作的經驗，而後成為經營者或領導者。

二十歲後　完成力×持續學習力

三十五歲前　（決斷力＋完成力）×持續學習力

三十五歲後　（決斷力＋完成力）×整合力×持續學習力

四十歲後　（描繪力＋決斷力＋完成力）×整合力×持續學習力

經過這種職涯模式的人，都是先累積實務經驗，然後深化綜合能力，最後，培養出居上位者的經營宏觀與高度，提高自己的經營能力而獲致成功。

模式2：透過經營管理顧問公司、MBA這些歷練後，以外資企業工作經歷為基礎，成為經營者。

二十歲後　完成力×持續學習力

三十五歲前（描繪力＋完成力）×持續學習力

三十五歲後（描繪力＋決斷力＋完成力）×持續學習力

四十歲後（描繪力＋決斷力＋完成力）×整合力×持續學習力

經過這種職涯模式的人，都是先在腦中學會經營的理論與觀點，然後透過實務工作歷練，親身體會現實狀況中的解決之道，培養綜合能力。

大家都說主管得講求「理」與「情」，沒有「理」的話，難以選擇正確的道路，沒有「情」的話，無法帶人。

我不在這裡討論「理」與「情」該如何如何，但要強調，**兼備「理」與「情」，是晉升為領導者而能將職涯極大化的重要條件**。

無論多麼優秀的人，都無法一下學會這五種能力，因此別急，一步一步來，但要保持一定的速度感，循著學習週期持續努力下去。

此時，還要確認自己的「學習類型」（自己要花幾年時間才能完全勝任工作？第一年學習，第二年改革，第三年就建立自己的工作模式，這是高中生類型。四年才能完全勝任的，是大學生類型。六年才能完全勝任的話，是小學生類型……等）。

人事異動也好、轉職也好、晉升也好，接到一個新職務後，花幾年能順利勝任工作？而你之前的狀況又是如何呢？

了解自己的「學習類型」後，再循著「實踐」、「學習明確的課題、主題」、「再進一步實踐」這樣的週期努力下去，就能建立穩健的職業生涯了。

將職涯極大化的動能

針對三十歲後轉職這件事，我們已經討論了應該思考的幾個主要問題，你覺得如何？

畢業後進入公司，二十幾歲經歷職務的磨練，三十歲後完全勝任，但不必沿著之前的延長線走，為了進入下一個階段，你必須在各個方面有所轉換、做出意識改革、行動改革，相信這些重點你都已經了解了。

然後，在你勝任職務之餘，其實還有一件事是你在三十幾歲時應該確立好的，那就是你的志業主題。

「好，我就將這個當成我工作上的主題，用一生努力鑽研吧！」諸如此類，從你目前的職務經驗中去發現你的主題、確立你的主題。

唯有確立你的志業主題，才能在今後的職務上精益求精，成為你將職涯極大化的動能。

確立工作上的志向、信念和目標，是你在三十幾歲時最該做好的事。

你的志業主題是什麼呢？

chapter 4

成功掌握三十歲後的轉職機會

最有效的「求職方法」、「履歷表寫法」、「面試技巧」

犯下這些錯誤會讓你求職落空！

接下來，就要談到實際的轉職活動了。

關於具體的轉職活動，應該有很多人只要看到徵才網站和人力資源公司刊登的職缺就投履歷。

不過，請等一等。

「**為什麼你想應徵這個職缺呢？**」讓人想這麼一問的應徵者也不少。

比方說，現在有一個「業務」職缺，但該職缺希望徵求的人才，是針對販售給重工業廠商的半成品（製造、加工過程中的產品），能夠解決相關問題的業務員，卻有很多應徵者的職務經歷是在向消費者推銷商品的通路方面。

這種應徵者的心情多少可以理解，最糟糕的情況是，有人不管三七二十一，所有職種、業種、職位的案件全都應徵，亂槍打鳥。

我們公司每次刊登新案件時，也總是有人不問細節就興沖沖跑來應徵。這種行為萬萬不可！

請注意，**「應徵方式」也是企業評價你的重點之一**。

如果你認為「反正工作又不會跟期待完全吻合」，這種心態實在不可取。假設你被錄取了，進入公司後你真能勝任那項工作嗎？

三十歲後職涯大成功的人，他們的轉職活動都是繃緊神經進行的。

當然，凡事講求機緣，即便你把神經繃緊了，未必該公司就會錄用你。更詳細的職務速配性、需求人才的類型，以及時機等種種條件配合下，**從應徵到錄取的機率，平均約為百分之十**。

不少人剛好碰到天造地設的良緣，只應徵一家公司就定下來了，但也有人找了二、三十家都沒著落。

如果是直接去企業應徵，就必須得憑藉著自己的挑選眼光；如果是委託人才顧問公司、專業獵才顧問公司、人才仲介公司，就要看那位顧問的本事了。

無論如何，當人力仲介業者認定你無法正確判斷何處才能讓你發揮所長時，他就不會介紹你去擔任須負責任的職務。

而且，你反而會被人力仲介業者貼上負面的標籤。

但這麼一來，願意幫你忙的就只有配對能力差的三流、四流人力仲介業者，你的轉職活動就更加嚴峻了，這點不得不注意。

「不做無意義的應徵行為」，確實想清楚你的應徵動機和理由後，再投履歷表。確立這個基本心態後，就勇敢向前吧！

上人力銀行網站找工作？求助人力仲介？自己找？

如果你認為那份工作「捨我其誰」，也自認從履歷表看來你的學經歷出類拔萃，那麼，不妨直接去**應徵企業刊登的徵才案件**。

目前，各大人力銀行網站上有很多積極求才的企業案件，對於收集資訊，乃至實際的提出申請，都頗有助益。

網站上所刊登的資訊會分類成新生代、中生代、中高階主管，或是區分業界、職務種類，或是分為外商、跨國企業等，請依照自己的需求與背景去選擇。

求助人力仲介或獵才公司時，由於每一家公司和每一位顧問的程度有別，請先確認清楚後再去諮商。

此外，每一家人力仲介公司和獵才公司所擅長的領域、業別、職別不盡相同，他們必須足以應付像你這樣背景的人，也相當熟悉符合你今後發展方向的領域和企業。

這點，也必須確認清楚。

這五年來，有愈來愈多的轉職入口網站刊登由人力仲介公司、獵才公司所負責的案件，這些都能善加利用。

尤其三十五歲後、四十多歲、五十多歲以管理階層、經營階層為目標的人，應該多加善用與經營高層、經營者有直接生意往來的人力仲介公司和獵才公司。

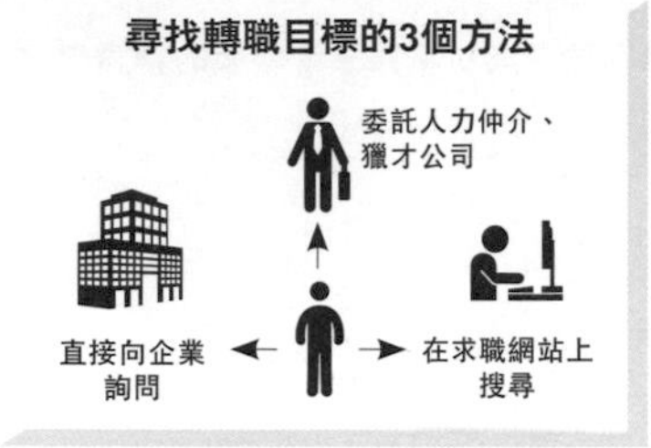

因為就幹部職而言，若經由人事部門可能得不到職缺消息，但有不少案例是透過經營者、經營高層得知其實有職缺而參加徵選的。

因此，不同的人力仲介、獵才公司能幫你獲得應試機會的機率大不同，請審慎選擇。

如果你很想試試某家企業，卻苦無門路，透過各種求職管道都找不到職缺訊息，而且你的專業技能明顯是那家公司需要的，不妨**直接洽詢該公司**吧。

此外，如果某家人力仲介、獵才公司擁有特殊管道能夠聯繫你理想中的企業，就能將你介紹給適當的主事者，因此請務必找到與該企業有密切往來的人力仲介或獵才公司。

調查該公司的「價值基準」與「行動基準」

從事轉職活動，請務必進一步了解與評估你想應徵的企業。那麼，三十歲後的轉職活動，應該觀察企業的哪些部分呢？

首先，一如之前所述，**你的重點應該放在「職務內容」而非「公司名聲」**。

若你是剛畢業的新鮮人和第一次轉職的人，企業看重的是你的潛力和發展性，而非是因為期待你具有特定專業技能。

而三十歲後的轉職，你應該重視你的職務內容更甚於企業本身才對。而企業重視的也是「你能為公司做什麼？你所做的事能為公司帶來哪些具體的貢獻與成果？」

這就是所謂的「就職」。

我碰過許多年過三十前來諮詢轉職的人，他們總是說些對企業品牌、企業形象的期待。這樣不行喔。

三十歲以後還有這種想法的話，企業會認為你不具即戰力，而且判斷你近年來都沒有確立出自己專責的職務，因此不會錄用你。

其次，請確認**「你想應徵的那項職務，為何需要徵人呢？」**

是因為有人離職嗎？因為快速成長而擴大編制，必須招募新人嗎？現任者無法勝任而想找人接替嗎？

在起初階段，公司未必願意對外透露這些內情，但對企業而言，畢竟這是重要的聘任案，正派經營的企業應該會確實說明原委。

有實績的人力仲介公司，為了確實鎖定適當人才，也一定會掌握這方面的訊息。

反之，對這些訊息一知半解，老是含糊其詞的人力仲介業者，你最好多留點心。

了解企業的實情，才能正確理解「企業對你有何期待」。也才能進一步確認，什麼樣的人才適合這項職務？對什麼樣的人而言這是個值得從事的工作？反之，也能看出什麼樣的人不適任。

企業雖然會提供一些訊息作為職缺的相關資訊，但一般而言，多半只提供概要性、通論性的說明而已。

除了每家企業釋出的訊息多寡可能天差地別，老實說，有時候也會碰到該企業的人事窗口負責人本身並不太了解該職務的情形，請留意。

總之，請盡可能事前確認好這方面的訊息再投入轉職活動，如果還是不清楚，不妨面試時積極向對方問明白吧。

人物類型的速配感，是你與企業雙方最後決定是否合作的關鍵。

其他諸如薪資、各種制度等條件當然也至關緊要，但確認這些事情比較不必花工夫吧。

不過，倘若你們有緣合作，在對方提出邀約時，你就要好好確認年薪的條件了。

時有這樣的麻煩，你認為的年薪相關細節與支付時期，等到進入公司後卻發現不一樣。

此外，徵選程序也應該一開始就確認清楚。除了了解徵選過程、次數、何時確定之外，你必須弄清楚誰握有這項職務的最後決定權。

是人事主管？部門主管？還是社長？

面試時感覺不錯，也認為會被錄取，卻被最後的決定者翻盤了，千萬要避免這種不幸發生。

透過徵選過程中接觸到的人來了解該企業的文化，這點非常重要，然而時間畢竟有限，有時難以完全掌握。

這時候就要參考該企業的「**價值基準**」和「**行動基準**」。形成企業風格、企業文化的，正是這兩樣要素。

有些公司會明確定義出來，有些公司只是定個概要而已，事實上後者占壓倒性的多數。

你目前正在評估、應徵的那家公司，他們的「價值基準」和「行動基準」是什麼呢？（欲知敝公司的基準，可以上官網www.keieisha.jp/mission.html確認）

可透過這類資訊、公司官網感受到該公司的風格與態度，請善加利用。當然，若認識該企業的員工或前員工，一定要向他們好好打聽。

只不過，從這些網站或員工、前員工所獲得的資訊，有時會偏好或偏壞，因此請盡可能多方面收集、評估。

你對企業資訊的評估能力、抉擇能力及判斷能力，將直接反映出你的工作能力與職涯經營能力。

請確實搜尋出屬於本質性的資訊，然而，未必能將所有資訊收集齊全，這點與一般的工作狀況無異。

看見某事物後，做何判斷，進而如何獲得與自己相匹配的新天地，正考驗著你的各項能力。

人事主管與部門主管的遴選標準不同

通過第一階段的書面徵選後，接下來就是面試。

此時，**面試官的身分不同，評估你的方式也不同。**

有很多人也許認為面試官理所當然是由人事部門的人擔任。

不過，三十歲後的上班族要轉職，特別是在應徵管理職的時候，第一次面試多半由人事部門的人出面，但如果有第二次、第三次的複試機會，通常由該部門主管、社長等高階主管親自擔任面試官。透過敝公司求職的人，經常會有第一

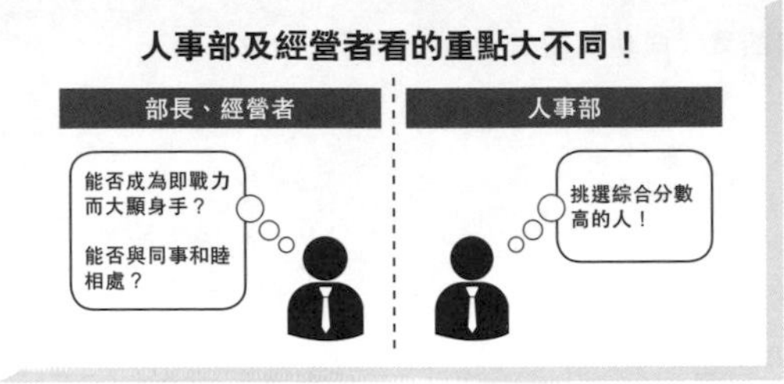

次面試就由社長、董事長等擔任面試官的情形。

順帶一提，敝公司有七～八成客戶的案件，其面試並非由人事部出面，而是社長等經營高層。

一般而言，新手～中堅階層的案件由人事單位負責，幹部職、管理職則由社長或部門高層親自面試，但其實，透過一般的人力仲介公司，和透過本公司這樣的專業獵才顧問公司，與你接洽的負責人或負責窗口並不一樣。

就招聘人才這件事來說，人事單位算是「公司內部的委外部門」。**社長及該部門主管看你的方式，和人事單位看你的方式，其實存在著偌大差異**，這點須有心理準備。

人事單位是受經營高層或職缺部門委託徵才，進而尋找符合錄取要件的人，因此，他們的遴選態度比較偏向仲介者。

請讓自己看起來更符合對方遴選的要件，並檢查自己**是否符合該職缺的學經歷要求，以及部門及經營高層所要找的「人物特質」**。

此外，大致上「綜合得分高的人」比較容易過關。但來到第二次或最後一次遴選時，就要擔心會不會被部門主管或經營高層質疑：「怎麼會選個這樣的人來！」

人事部門作為中間人，會盡量挑選零缺點，或是縱然有缺點，但在學經歷方面比較不容易被吐槽的求職者。

面試時，要將截至目前的職歷所奠定下來的專業技能以及實際成績，適當地、詳細且具體地傳達給對方知道。這是基本要點。

此外，總括來說，人事單位不喜歡開口閉口「我怎樣我怎樣」的人，他們比較喜歡「不愛現的好人」。

我不建議為了投面試官所好而矯揉造作，但應該了解對方的判斷標準後再去面試。

若是該職缺所屬部門的主管負責面試，原則上會判斷你在公司目前的業務運作上能否發揮即戰力；你進入該部門後，與同事能否和睦相處；或者你能否盡早和同事建立良好關係，發揮領導力；甚至他與你互動所獲得的直覺，也會在評斷之內。

直接給出「不錯，感覺很合拍！」或是「嗯，經歷和實績都不錯，但好像有什麼地方不對勁……」這種反饋，也是由部門主管當面試官才有的特徵。

至於這種現場互動所獲得的直覺，要是偏見就慘了，因此我們這些顧問人員也會盡可能依客觀的評選項目來評估。

不過，有時候這種現場互動所獲得的直覺，本質上多半很正確，因此不可忽視。

面試時，人事單位大多會看重事業推進能力是否均衡，但部門主管當面試官則剛好相反，他們**希望看到有何突出的部分**。

若沒有特殊部分，就沒必要專程從外面聘人了，因此，「你是否具備他們所沒有的輝煌實績和經驗、思考和行動力」，是他們決定是否聘用你的關鍵。

請抱持「不能太普通」的心理去應徵。不過，部門主管和人事單位的人一樣，都相當重視你能不能與同事和睦相處、團結合作。因此，千萬不要當一個破壞和諧的人。

此外，如果你應徵的是中階主管～部長級的職位，就要展現出你能組成感情融洽、積極向上的合作團隊，為該公司注入活力，這樣絕對得高分。

與企業老闆面試時的三大重點

當面試官為社長（或是董事長、CEO等）的話，又該如何呢？

沒問題的，請別太緊張。

只要它是一家有理念、持續成長、開展革新的事業或服務，或者是雖處在艱難的局面但一心求變、想將傳統永續傳承下去……這類有本質性的事業經營主題的企業，你就無須擔心了。

只要它屬於這類你想跳槽過去的公司，其實在轉職應徵時，**比起公司內的任何人，社長或經營者才是更容易溝通的人。**

跟老闆面試時的 3 大要訣

要訣1	不矯飾、放輕鬆、以真面目應試。
要訣2	談吐乾淨俐落，避免拖泥帶水。
要訣3	展現開創公司未來的氣勢。

當然，經營者也有各式各樣的類型，有的豪爽、有的強硬、有人沉默寡言。不過，無論如何，社長或經營者都是該企業的最終決策者，肩負事業及經營的所有責任，因此通常具有宏觀、識人之明，在好奇心和包容力方面也有過人之處。

如果不是這樣的人當上經營者，那麼你最好再次慎重地確認那家公司的經營方式。

由經營者擔任面試官的話，你要注意的重點有下列幾項。

敞開心胸

對方是身經百戰的經營者，應該能一眼看穿你的本質。因此你沒必要矯飾，請輕鬆地以真實面貌前往面試吧。

説話簡潔俐落

經營者多半沒耐性，他每天日理萬機，自然不喜歡冗長和拐彎抹角。

如果你講話拖拖拉拉，老是讓人聽不到結論，即便你在說話時看見社長笑容可掬，但他腦中已經浮現「這個人不行啊！」的念頭了。

思考及行動都要積極正向，並提出未來展望

經營者無時無刻都在預見自家公司的前途。尤其中堅、幹部級以上的聘任，經營者期待的是能夠帶動目前的事業，並且進一步讓公司宏圖大展。

總體而言，經營者都強烈希望公司更好，因此很相信積極正向、運氣之類的事，如果你看起來是個走運的人，肯定大加分。

規模龐大的大企業經營者**通常不會面試很久，請以此為前提，然後明確且俐落地展現你的魅力吧。**

此外，如果是創投業或是中小企業，社長多半願意投入較長的時間來面試，不少社長甚至會花時間和面試者一起用餐以便互相了解，這是因為中堅幹部對公司的經營相當重要，必須精挑細選。

即便最後你與那家企業無緣，但對你的職涯而言，這種面試是非常寶貴的

履歷表的撰寫要訣

- 不寫抽象的項目。
- 明確寫出時間點、實際的工作內容。
- 寫出締造實績的背景。
- 寫出具體付出的心力。

刺激與學習機會。請勿怯戰，勇敢出擊吧。

履歷表別超過兩頁？沒這種事！

前面已經介紹了人事單位和部門主管、老闆的面試評價方法不同。無獨有偶，人事喜歡的履歷表，和社長、部門主管喜歡的履歷表也不一樣。

其實，許多主要以新手～中堅階層為對象的人力仲介業者也不知道這件事。許多三十～五十幾歲的轉職應徵者，就是聽了這些人力顧問的建議，履歷表寫得和新手、中生代一樣，因此失敗了。

人事部門喜歡的履歷表是，**將截至目前所擔任的職務逐項簡單地表列出來**。

一如之前所述，人事部門主要在挑選符合該職缺部門或經營者期待的人，他們心中的遴選標準是「滿足基本必備條件」，因此列表式的職務經歷比較方便對照。

常聽說：「履歷表不要超過二張A4紙。」基本上這是對的。如果畢業後第一次轉職或三十歲左右中堅階層的人來找我，我也會這麼建議。但是，如果拿這份「二張A4紙，只寫職務項目的履歷表」給老闆或部門主管看，那會如何？

答案是：**「很難將這種人視為主管級以上的人才。」**

為什麼？

我直接告訴你結論，因為老闆和部門主管喜歡的是，學經歷豐富、詳實記載職務內容、過程和想法的履歷表。

當然，沒必要將年輕時代的事情寫得鉅細靡遺。

大致是從現在逆推五年左右，尤其最近的實績非常重要。如果你是四十～五十幾歲的人，那麼就不只五年，得將最近十年來的職務實績，當成幫助你晉升為中高階主管的重要資料，讓對方詳細掌握。

總之，**如果對方是經營者、部門主管，讓他們「能夠讀得清清楚楚」，非**

常重要。

不要太抽象，請仔細說明何時、做了什麼樣的事情。這些事情有何背景、你投入怎樣的心力、獲致如何的成果。將這些事情以具體的事實陳述出來，讓對方能夠讀得清清楚楚並完全理解。

順帶一提，有人問：「那麼要寫幾張紙呢？」其實並沒有張數規定，雖說要感覺有分量，但十～二十張就太多了。請根據個人的實績和經歷而定，我認為基本上是「三～六張A4紙」。

我必須說，能夠寫出令人一目了然的履歷表的人，也多半能整理出令人一目了然的業務資料。

將資料做成列表清單，能讓人一眼看出你的商務敏銳度。

構成要素、容易閱讀、資料的理解流程、必要的說明，或是單純的美觀、審美能力……。

不會做事的人，他的資料會有很多不完備的地方，而且不好看。

會做事的人，他的資料簡單明瞭，而且美觀大方。

換句話說，從撰寫履歷表的方式就能見微知著，讓對方窺知你的商務敏銳度。尤其若閱讀者是身經百戰的經營者，更是如此。

以「現在→過去」的順序列出職歷

那麼，履歷表究竟要怎麼寫呢？

首先是如之前所述，「何時、做了什麼事情」、「這些事情有何背景、你投入怎樣的心力、獲致什麼樣的成果」，將這些事情以具體的事實陳述清楚。

我經常被問到：「工作經歷，是從過去寫到現在？還是從現在寫到過去？」

關於這點，並沒有哪一種寫法是不行的，從過去寫到現在，或是從現在寫到過去皆可。

履歷表的寫法

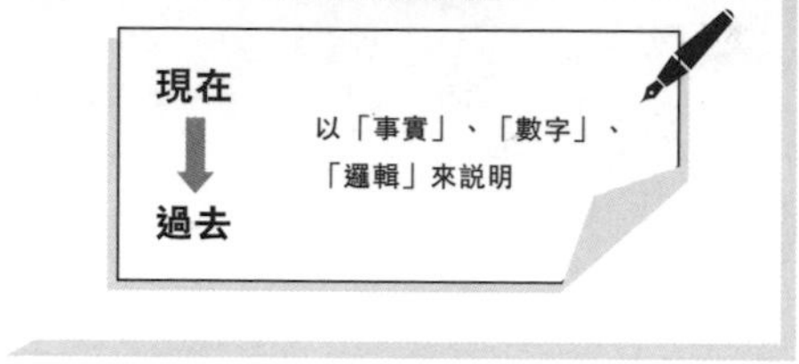

不過，若勉強要說哪一種寫法比較好，我個人會推薦「**從現在寫到過去**」。

理由一如之前所述，經營者和部門主管在確認你的經歷時，最重視也最想了解清楚的，是從現在追溯過去五年、十年內的工作。

若是如此，當然是一開始就能讀到最近五年、十年的工作最好，因此我建議從現在寫到過去。

如果換過工作，就從時間最近的職務經歷開始寫。如果在現職企業中經過幾次部門異動的話，就從現在所屬的部門，往前一個部門、再前一個部門地寫下去。

這麼一來，越後面就是越古早的經歷，也就越不必詳細記載，寫明當時擔任什麼職務，將實績的大綱簡單寫下來即可。

少用形容詞，用事實、數字、邏輯來呈現

至於每項職務實績的表列方式，我的忠告是「**避免使用形容詞**」。

即使在應徵社長的履歷表中，也經常看到這樣的寫法：

「該項職務期間，我負責公司的經營工作，創造出無與倫比的業績。」

也許是真的很「無與倫比」，但究竟是「多麼無與倫比」，根本無法得知。無法具體陳述實績的履歷表完全不及格，甚至可能被對方質疑你的職務理解力、表達力有問題。

我經常跟大家說，履歷表必須用「**事實**」、「**數字**」、「**邏輯**」來呈現。

例如：

「我就任時，該部門的業績為五千萬日圓。當時，對於之前尚未開拓客源的○○業界，鎖定五十家客戶，透過企畫活動傳達出本公司的服務能夠幫助他們提升業績。我們由五名同事確實分工合作，互相交流分享成功接單經驗，並提出

精益求精的改善方案，一年後，我們成功締造出高達一億日圓的業績。」

「我在擔任新事業開發經理的期間，從初步研究開始，直到後來以五十人的開發體制推出○○服務。當初這是一項三年計畫，我們不斷提升專案體制的效率，協助我們的服務對象開發客戶，直到他們確實招攬到主要客戶，並且獲得訂單。結果，這項計畫僅用兩年時間便將之事業化。此外，啟動○○服務的同時，業績也達到○○萬日圓，亦即第一年度就成功獲利了。」

……諸如此類。

要訣在於將事實資訊、數字、執行方法等的來龍去脈，以稍微帶故事性的方式寫出來。

「一年後，業績從五千萬日圓提升到一億日圓」、「原本預估五十億日圓，五年後突破了一百億日圓」這些事實很驚人，然而經營者想從字裡行間讀到的是，這些事實是**「如何辦到的？」**、**「憑著怎樣的思考和行動達成的？」**

請務必確實了解這些重點後再撰寫履歷表，或者加以修改你目前的履歷表。

三十歲後的轉職，撰寫履歷表的方式，比你想像的還要重要。

這裡所提及的內容，將大大影響你在書面審查時的結果，不僅如此，直到最終審查、進入公司之前，它的影響力都時刻存在著。

請務必細心撰寫這份重要的履歷表。

即便換過很多工作也別氣餒！

對於那些已經換過很多工作的人，或者進入公司後，因為跟當初談好的條件不符等不得已的原因，而在短期內離職的人，我想說的是，已經覆水難收了，只有往前看、繼續朝未來前進了。

請確實面對自己的過去，認清事實，反省該反省的部分，然後朝下一個目標邁進。

企業的人事單位或經營者在閱讀你的履歷表時，產生「為何換了這麼多工作？」、「為何在那家公司的工作期間那麼短？」這種疑念也是理所當然的，你必須面對。

這時候，履歷表上必須對換工作的理由，也就是**「離職理由、選擇下一家公司的理由」說明清楚**。

頻頻轉職的人以及在職期間很短的人，如果履歷表上未說明轉職原因，對方多半會認為「總之，就是個動不動換工作的人」、「沒辦法在一家公司好好把事情做完的人」。

即便在履歷表上說明原因，未必就能獲得對方認可，不過，有時候會因狀況而獲得對方的理解，或是讓對方衡量一下狀況。

如果當時是因為自己判斷錯誤而轉職，也將這點老老實實地加以說明吧。

有人是因為前公司明顯是一家黑心企業，工作環境和待遇都很糟糕，所以才離職。

必須提醒你注意的是，**就算誹謗中傷前公司也是於事無補**，畢竟選擇那家企業的人是你自己。

這時候，如同之前提到的履歷表寫法，請輕描淡寫地用「事實」、「數字」、「邏輯」來說明。

基於事實，寫出有何不遇的狀況、惡劣的勞動環境、有何騷擾事件……等。但請千萬不要使用情緒性的形容詞。

此外，有人是因為碰到五、六家公司剛好都倒閉或經營不善才離職的。當事人會說：「又不是我的錯。」但你要應徵的那家公司可不這麼認為。畢竟不斷選擇這些公司的人，就是你自己。

有時候，對方看了你的履歷表後，會推測：「搞不好不是那些企業很糟糕，是你自己想落跑罷了。」這點你必須留意。

就算你的確是因為公司問題而不得不屢屢換工作，那麼，這件事情正說明一點：「你這個人沒有識別企業的眼光。」

請確實反省這點，然後將你目前**選擇企業的重點告訴你要應徵的企業**，確實地寫在履歷表上。

面試時的說話方式

面試的說話方式，其實就是你平常工作時的說話方式。前文也有提及這個問題，請再確認一下。有四個重點：

是否太冗長？是否確實針對問題回答？容易聽得懂嗎？內容是對方容易理解的嗎？

見微知著，面試可不只是面試而已，對方可以從而窺知你進入公司後的做事方式。

反過來說，你也可以從面試官的表現來推知一二。

抱持這種心態的話，你就能更放鬆地從對方的談話來觀察你是否適合跳槽到這家公司。

不要只顧自己講話而腦袋放空，要仔細確認對方所說的話，包括姿勢、動作，因為並非只是公司選你，你也要選擇公司。

先講結論

不僅面試如此，事實上有不少人講話永遠讓人聽不到問題的回答或結論。之前也說過了，經營者，尤其是能幹的經營者，往往都是急性子。不要讓對方發問「所以？」、「結果怎樣？」，用一句話把結論說出來吧。先說結論，**然後再說明「至於為什麼～」、「事件的背景」這類原因、理由**。

此外，**遣詞用字要簡短、直截了當**。不要用含糊不清的話語、難以理解的咬文嚼字。除了說明概念以外，應該具體而言，避免使用抽象用語。

希望你能以晉升領導者為目標。而從你的說話方式，就能看出你是否具備身為領導者、身為中高階主管的能力了。

你會發現工商管理碩士班的教科書、談論擬定戰略的商管書等，即使理論艱澀，所使用的單字卻都非常簡單易懂。

聰明的作法是，用平易近人的辭彙傳達出本質性的內容。這個道理套用在商業書和經營管理類用書也一樣。

曾聽過許多著名的有識之士和經營者說：「通篇都是艱澀字眼的專業書籍很難讀，不是讀者的程度太差，而是作者的程度太差。」我十分認同。

請以結論為優先，簡單、直接、易懂、具體地說明吧。

不僅找工作的時候必須如此，在三十歲後的工作場合都必須如此。請好好養成這種說話習慣，以便機會來臨時派上用場。

不說客套話，拉近與對方的距離

雖然禮節不可少，但是，優秀的人、評價高的人能夠在不失禮貌的前提下，自然而坦誠地與地位高的人交談。

反而是巧言令色的人在面試時會表現得非常有禮貌，但這種人通常予人觀感不佳，面試也會被刷下來。因為從這裡就可以看出你三十歲後身為領導者、中高階主管的風格，以及日後的發展潛力。

寫文章也是一樣的道理，**談話時巧言令色、過於畢恭畢敬的人**，無法拉近與對方的距離。

但也不是要你每次都用對等的立場跟居上位的人講話。不論你的地位如何，是否具備確實與對方溝通的能力、建立關係的能力，對於你是否被雇用、被提拔、被重用，有著偌大的影響。

請你環顧四周，相信一定有人讓你感覺到「啊，那個人的態度好自然，感覺很不錯！」、「說話清楚明白，而且很積極正向，下次還會再想聽他說話！」，請務必先學好那人的說話方式。

讓人覺得「何必來面試」的人

有許多三十多歲想換工作的人，一見到我就說：

「有獵才公司主動來找我」、「我被好幾家公司選上了」。

或許本人認為這麼說比較有效果，但其實完全是反效果，最好認清這點。

拼命自我宣傳「我很搶手」的人，大概沒想到對方內心其實是這麼想的吧：「啊，很厲害嘛！那又何必來我們公司面試，你去其他家不就好了！」

會有這種想法很正常。

我同樣也是獵才公司的人，這樣的說法或許讓人覺得不太應該。但是，我不得不說，**因為獲邀面試就自滿或自賣自誇的人**，對於想要尋找三十歲後中堅人才的公司來說，這樣的人並不適任。

因為獲邀應徵就動搖的人，即便到了新公司，也會因為再次獲邀而想換工作吧。被金錢和職位吸引而行動的人，即便到了新公司，也會再次將金錢和職位放在天秤上而跳槽。

我隨時隨地掛在嘴邊的「見微知著」，說的就是這樣的事。

因此，凡是認真遴選幹部的企業經營者或人事單位，都會基於這個觀點，而不錄用那種說出「我很搶手」、「要看過各家公司給的條件後再決定」的人。

在面試的場合，展現出「自己很搶手」，絕對百害而無一利。

其實，認真迎向職涯的重要轉換期或下一個舞台的人，根本不會對外顯露出這種驕傲。

雖然有人提出了邀約是很值得開心，但是，今後是否繼續待在公司將工作做得更完美，才是對自己、對公司都更好呢？

或者，既然意外獲邀，就到那個新天地去試試，自己的前途才能獲得更大的展望嗎？

這時候，該跟目前上班的公司劃清界線嗎？

應該深思熟慮這些問題，別管是不是有「獵才公司找上門」，而是顧及相關人士的感受，針對追求下一個舞台這件事，誠摯地表達出自己的想法。

你在這種時刻的言行舉止，都透露出了你在三十歲以後的工作能力。

「有好機會就想跳槽的人」為何有負面評價？

「我對現公司沒有任何不滿，但如果有更好的機會……」

這句話就跟「我被很多公司選上了」一樣，對方聽到後，內心的想法是：「這樣的話，你就在目前的公司繼續努力吧！」

最近越來越多人會耍酷地這麼說，尤其取得ＭＢＡ學位或外商人才更常見，不過，我個人聽到後會掠過這個念頭：

「這麼說，你進來我們公司後，也會常去問人力仲介『有沒有更不錯的職缺』吧，太過分了！」

我相信那家公司的老闆、部門主管、人事單位都會這麼想。

遺憾的是，世上有許多傲慢的獵才公司存在。我聽說某家獵才公司，等於是介紹工作的集散地一般，大言不慚地對才剛介紹進入新公司的人說：「要不要再換個更好的工作啊？」然後推銷新案件。這是非常不應該的。

我這麼說顯得有點自傲，本公司不是只把獵才這件事當成工作使命，我們從事的是，協助經營者、領導者們在現職上大顯身手的顧問事業、研討事業、會員事業。

轉職是人生中非常重要的事。

然而說穿了，轉職是職業生涯上一個重要的轉變，我們更希望百分之九十九的人都能在現職裡擔任重要角色、承擔重要職務，攻克一座又一座高山地持續進步成長。

我是基於這個觀點而建構出本公司的事業基礎，協助各位經營者、領導者精益求精、出人頭地。

當然，我相信一般的專業獵才顧問公司和人才仲介公司，即便不像本公司這樣有自己獨特的主張，也都是由具有理想抱負的顧問群在提供建言，協助大家在目前的工作崗位上大顯身手。

「獵才顧問就像你的事業醫師一樣」這種觀點起源於歐美，如今在日本也推廣開來。不過，如果是由獵才顧問或人力仲介不斷開處方、動手術，那就本末倒置了。

我希望我的公司能夠像「柳鍼灸院」（位於表參道的針灸診所，我每兩週會去一次，創立者是我前公司「Recruit Career」人事部的前輩、美式足球隊「Seagulls」的四分衛兼教練的柳秀雄先生）所標榜的「治未病」一樣。

所謂「治未病」，意指「名醫不是在治病，而是洞見未罹病前的身體，於罹病之前將身體調養到最佳狀態」。

外表顯老的人不容易轉職成功

三十歲後，對工作更有自信，職責也更沉重，你還必須建立自己的行事風格。

但是，三十歲起，外表可未必要隨著年齡慢慢變老喔。

就面試時的印象來說，三十歲以後，究竟是以風格取勝？或是年輕取勝呢？這點難以下定論。

不過，**一定要極力避免顯得老氣**。胸懷工作主題與工作意義的人，他們的共通點就是精力充沛、活力十足，因而顯得年輕有朝氣。

反之，喪失工作主題的人、沒有幹勁的人，外表會顯得比實際年齡蒼老。

沒必要去刻意想要裝年輕，不過，身體是一切的基礎，為了在五十年職涯都能懷抱著工作意義、快樂地一路衝下去，當然有必要努力充實體力，維持健康的身體。

養成適當的運動習慣、正確的飲食習慣，為了提升自己而讀書、旅行、藝術欣賞或參加活動等，甚至是為了應付緊急狀況，請平時就多多自我投資、自我修養。

面試時，一定要傳達的兩個重點

面試的表現機會有限，三十歲以上的人應該表達出什麼呢？如果鎖定最重要的重點，我歸納為以下兩個，請務必盡最大努力表現出來。

・表現出你的領導才能

・表現出你的經營才能

經營才能指的是，發揮自己的主體性與職責。領導才能指的是，依自己的行事風格發揮讓事情動起來的能力。

企業要的三十歲以上轉職人才，與名片上的頭銜無關，他們要的是能勝任領袖職務的人才。

將你截至目前在團隊裡、專案裡發揮領袖才能的經驗和實績，透過具體的小故事，用「事實」、「數字」、「邏輯」說出來吧。就算你沒有實際當上領袖的經驗，但只要一直在職場上打拼，肯定有發揮領導才能的經驗才對。

絕對不能只籠統地說「我有領導才能」、「我有發揮過領導才能的經驗」。說出事實、小故事，能讓對方了解到「啊，這個人在這個時候發揮了領導才能」，這點很重要。

不使用「領導才能」這個詞彙而表達出具備領導才能，這是關鍵所在。

此外，之前提到「有無主軸與主題」以及「自責／他責」、「有無完成的能力」，其實繼續追究下去，就是有無經營才能了。

請說明你如何發揮經營才能，徹底堅持主軸與主題，帶著使命投入工作，最後達成任務的經驗。

當然，在表達的時候也不要使用「經營才能」這個詞，直接以具體的小故事，以「事實」、「數字」、「邏輯」來說明吧。

能夠好好表達出這兩項重點的人，以及能透過這兩項重點將工作上的熱情、想法、思考、行動力表現出來的人，就是在三十歲以後的轉職市場上，企業經營者與人事單位想要爭取的人。

對方問「還有沒有什麼問題」時，你應該發問

「最後，你還有什麼問題嗎？」

很多經營者和人事負責人，為了讓面試有個好的結束，也為了讓面試者能正確理解自家公司，會在最後說這句話來試探。

可是，就是有人聽到這句話後，居然回答「沒有問題」而什麼問題都沒問。我真是不敢相信。

或許是謙虛，也或許是客氣，但是，**沒有問題、不會問問題的人，憑這點就要扣分了**。

因為這樣會讓人懷疑：「看來，你對本公司也沒多大興趣嘛。」或是讓人認為：「這個人沒什麼收集資訊的能力，也沒有挑選企業的重點。」

也許是因為面試太過緊張而腦中一片空白，找不到問題發問，但這也正顯示出你的臨場應對能力。

總之，被判斷成「不會發問的人＝不會做事的人」這種風險相當高。此外，只會問些瑣碎細節之類非本質性問題的人，分數不會高，但不會問出「好問題」的人，絕對會被大扣分。

當對方問「還有沒有什麼問題」時，你應該發問。

即便對方沒問這一句，你也應該事前多多打聽消息，然後在面試時，務必就該企業或事業的狀況、職務相關內容、經營者的想法與方向性等，積極地提出幾個問題。

拿家人當擋箭牌，令人敬而遠之

「我很想到貴公司上班，但我太太非常在意年薪和上班地點……」

有人用這種藉口來搪塞。**我就明說了吧，別拿出這種擋箭牌，真的很難看。**

就算你太太真的這麼說，但以此為由加以婉拒的人，是你。這種「乍見不失體面」地把責任推給他人的做法，正如實表現出你的商務作風。

這種人鐵定平時工作也愛找藉口。如果工作上有什麼必須達成而未達成時，就會用「我覺得這個提案很好，但部長下令要用別的方案進行」、「我一直認為這個絕對會成功，但部長反對」這類說詞將責任推得一乾二淨。

當然，很多時候公司的方針、上司的方針與自己的意見不符，不得不採取其他方案甚至撤銷計畫，但是，一位成功的領袖、能夠統整結論的領袖，在得出結論之前，一定會盡力討論和說服周圍的人，然後得出自己也能接受的方針，並遵循方針而為。

也就是說，最後，是「你自己」依種種理由決定採取其他方案或撤銷原計畫的。

這麼說或許聽起來很誇張，前面以「我覺得很好，但我太太反對」這個藉口來推託的態度、溝通方式，正顯示你平常工作也都是如此做決定和行動的。

要有「自己的觀點」

聽完你的話，對方會覺得「你很有魅力」嗎？

應徵面試時，當你談及自己的職涯、之前的轉職理由、這次轉職的原因等，你都是怎麼說明的呢？

請你再反省一次。你的一字一句都能讓你朝被錄取的方向前進嗎？

有一個簡單明瞭的自我診斷方法：

「請站在對方的立場，聽聽『自己』說的話，如果你是面試官，會錄用說這些話的『自己』嗎？」

這是客觀的評斷方式。

評斷自己所說的話，從對方的角度來看，是不是會陷入「滿口牢騷」、「批評別家公司」、「對自己過度評價」等狀況。

連你自己都不願意錄用的人，就別指望對方會錄用。

能靠轉職「提高年薪」的人

很多人換工作的目的就是為了「提高年薪」。

可是，固執地以「提高轉職時的年薪（對方提出的年薪）」為目的，未必能獲得一次良好的轉職。

如果你的現職或前職待遇不合理，「爭取適當的年薪水準」＝「提高年薪」，這一點當然沒問題，而且是良好的。

不過，「提高年薪」的真正意義，應該是「能夠毫無遺憾地發揮自己的才能，並獲得適當的對價。」

你進入公司時的年薪，說穿了只是一時的而已。你應該追求的是，慎選一個具有「進入公司後，能夠完全發揮才能，更加成長進步，然後提供相應的待遇」這種制度的公司。

換句話說，「提高年薪」**並非「提高轉職時的年薪條件」，而是獲得「轉職後能夠隨著成長進步而提高年薪的可能性」**。以中長期的職涯來看，這樣才是正確且幸福的選擇。

因此，找新工作時別搞錯了。希望你在找新工作時能確實思考下列幾點：

1 選擇「中長期來說，能夠投注熱情的職務內容、負責領域」。

2 能夠依你對該企業做出的貢獻、成果、收益而成比例調整職位與報酬。

原因在於——

・如果以給薪條件為首要選項，就會因不滿給薪條件而離職。結果，未能達到本來該達到的成果，也未能提升業務能力，導致薪資水準一直往下掉。

・將成果、貢獻擺第一的話，結果就是職位、給薪水準得以持續向上提升。

・一～二年就轉職、跳槽的話，無疑為一種「提早降低企業對你的期待」的行為。就算你能成功轉換幾次工作，但之後絕對越來越難找到好工作。

以這些重點為基礎，仔細思考你在想應徵的職務上、在短期及中長期上能夠做出如何的貢獻及成果。洞見後再選擇新天地，是三十歲以上的中高階主管階層能夠靠轉職獲致成功的大原則。

chapter 5

吸引伯樂的自我宣傳技巧

「自我品牌」推銷術

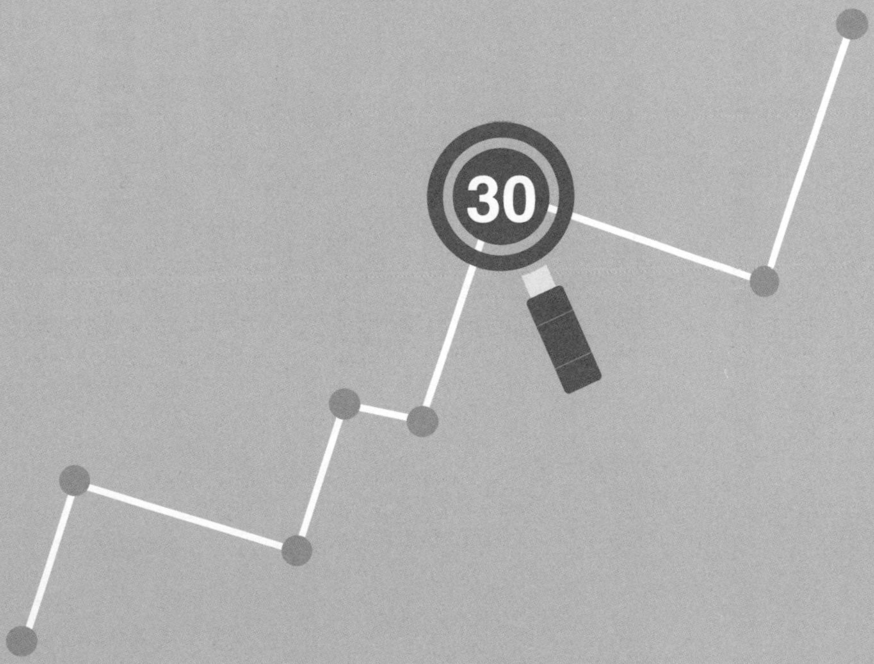

二大條件讓你成為搶手人才

「我工作這麼拼，為什麼找不到新工作……」

「我明明這麼能幹，為什麼獵才公司不找我……」

一定有人這麼想過吧，但是，光只是想也不會有人找你，更不會成為搶手的人才。

當然，這是有原因的。

獵才公司並不會有天突然打電話給你，熱切地對你說：「我們很希望你到○○公司來工作。」

那麼，什麼樣的狀況下，獵才公司才會找上門呢？

獵才公司會找上門，是因為要「採購」**他們眼中的商品**。將優秀的人才，推薦給適當公司的適當職位後，他們就能獲利，因此「採購」堪稱是獵才這項工作的命脈。

我們會仔細斟酌那個人是否優秀，是否符合企業所要求的職務要件，然後從可能性最高的人找起。

但是，我們不會去找只是符合「優秀」這個條件的人。**還必須從媒體上的曝光、周遭人士的風評等等，來獲知這個人的存在感。**因此，獵才公司只會在判斷這個人具備以下二點後，才會主動找上門。

1　優秀的人才＝講求「本身條件」

2　知道那個人的存在＝講求「廣為人知的程度」

符合這兩項要素，獵才公司就越可能找上門，亦即：

「本身條件」×「廣為人知的程度」＝「獵才公司找上門的可能性」

「物超所值」、「品質保證」的人才大受歡迎

我們先來思考「人物本身條件」這件事。

要知道你究竟符不符合該項職務要件，一定要看你的職歷經驗和實績。也就是說，獵才公司會評價你的經歷。

不過，光是這樣還不足以讓你雀屏中選，因為獵才顧問還會找出幾名經歷與你相同的候選人。他們會將名單一字排開，與該企業的徵求要件相核對後，才篩選出最後的候選人。

而最後決勝負的關鍵是什麼？

正是以下兩點的其中之一。

你是否為這樣的人才？

・「物超所值的人才」

・「品質保證的人才」

如果獵才顧問判斷你符合其中之一，最後雀屏中選的可能性就一下爆增了。

所謂「物超所值」，**意指與目前的人才價值（可期待的工作能力、擁有的人脈、打下的業務基礎、其他附帶的特殊技能或專業性等）相比，顯然年薪偏低的人才。**

須注意的是，這裡並非指實際年薪數字必須偏低。而是指：

年薪五百萬日圓，卻具有不輸年薪八百萬日圓者的實務能力；或是，預估能做出如同年薪一千萬日圓者的成果。

年薪一千萬日圓，卻從事一千五百萬日圓的職務；或是，年薪二千萬日圓，比起年薪超過五千萬日圓的社長卻毫不遜色。

物超所值的人才，就是企業眼中「買到賺到的人才」。

另一個要素「品質保證」，意指**以客觀眼光來看，評價優良的人才**，亦即，已經確立品牌的人才、所創造出不只一項的成功實績，贏得業界與媒體好評

獵才公司會找上門的 4 種人才

本身條件很強的人才	物超所值的人才
廣為人知的人才	品質保證的人才

的人才。比方說業界名人、影視圈名人等，就是深諳這種模式的人。

換句話說，最後能夠脫穎而出的人才，就是「物超所值」或「品質保證」或兩者兼備的人。

對方就是以這兩點來判斷你的價值。

在此跟大家聊聊外商企業高階主管經常有的現象。

有一位某企業的行銷部長，現年四十八歲。

畢業後進入一家消費品（Consumer Goods）製造商的行銷部工作，在那裡發揮所長後，三十出頭時，他的才能被獵才公司相中，引薦進入一家知名外資企業。

現今他已年近五十歲，在這之前他每二～三年就跳槽，都是在外資企業擔任行銷部門的主管。

每跳槽一次，他的年薪就增加一～二百萬日圓，他總是自豪地說：「我換一次工作，就能提高一次年薪。」

但是，去年開始，狀況就不太對勁了……。

在此之前，只要公司狀況不佳，或是和同事處不來，他就找熟悉的獵才公司立刻幫他找到適合的轉職選項。如今這種好運不再有了。他納悶著：「到底怎麼回事啊？」

就在那時候，我們碰了面。

「井上先生你說說看，這太奇怪了吧。」

不，一點都不奇怪。

因為他不了解「物超所值的人才」及「品質保證的人才」的邏輯。

之前他跳槽的那些外資企業，一定有前任的行銷部長。

他就是靠著接任這些人的空缺而走到今天。

起初他憑著才三十出頭的年輕優勢，從國內企業、年薪七～八百萬日圓的條件，成功跳槽到年薪一千萬日圓的外資企業；此後每次跳槽都提高年薪，如今，他的年薪已經來到二千萬日圓的高價位。

不過，同樣職務、年薪只要數百～一千萬日圓這種比他低薪且更年輕的人才已經緊追在後了。

對於經常更換人才的企業來說，當然要找新鮮的「物超所值人才」來接替，才能壓縮雇用成本。

他的失敗在於並未認清這種現實，也沒有努力從行銷部長爬升到更上層的經營高層。

或者，他認定自己的職涯巔峰就是部長，那麼他就該抱持著年薪少個幾成的覺悟，去找能夠長期雇用他擔任這項職務的企業才對。

從這個觀點就可明白，**無法光靠短期性的「套利」在職場上倖存**。不具備長期性的觀點與戰略，不投資自己的人，日後必會遭到現實的嚴厲反撲。

你應該聽過「USP」這個辭彙吧。

這是「Unique Selling Proposition」的縮寫，意指：

「對自家公司、自家產品的獨特主張。也就是提出獨特且能引起消費者購買的主張和提案，或是強調出與別家公司的差異化。」

但在個人品牌化的世界，則多半意指：

「同儕（競爭對手）所沒有的、屬於你個人的獨特性與優勢」。

能夠建立起這個特質，就能提高獵才公司找上門的機率。而且，請充分了解到這當中，也包含了「物超所值」及「品質保證」二大要素。

請保持長遠的觀點與戰略，經常定點觀察自己的所在位置，確立自己的立足點，不斷琢磨自己，這比什麼都重要。

懂得宣傳自己，機會才會上門

那麼，現在你的狀況如何？是否擁有「物超所值」或「品質保證」的USP呢？

基本上，不論你處在何種職位，相信都會努力讓自己成為「物超所值的人才」。

相對於目前所得到的報酬，你應該以回報公司百分之一百二十、百分之一百五十以上的成果為目標，提升自己、朝業務指標邁進。

保持這樣的心態，久而久之，你就能將自己的職涯極大化，也會讓自己成為「搶手」的領導人才，於是，「五十年職涯極大化」這個目標就在不遠處等著你了。

獵才公司不是僅憑「人物本身條件」找人，他們也會憑「廣為人知的程度」這個判斷基準來評價一個人。

一如之前所述，獵才公司會仔細思考你有多優秀、是否符合企業所要求的職務條件後，再看看「人物本身條件」、「廣為人知的程度」這兩項要素。

「廣為人知的程度」，也可以說成是「被知道的能力」。那麼，該如何加強「被知道的能力」呢？

「被知道的能力」中，包含了「時間」、「場所」、「場合」這些因素。

家人、朋友、情人、客戶、上司與部屬關係……，人活在社會中，會建立起各式各樣的關係。誠如你所了解的，這些關係有時候會帶來一些麻煩。

家人、情人認為你具有的優點，未必客戶會認為不錯；而某個做法客戶相當讚賞，不知為何上司就是不喜歡，這種情形所在多有。

尤其本書主要著眼於「五十年職涯極大化」，因此我以此觀點設想了四位利害關係人，跟大家談談「如何讓他們知道你」。

讓上司知道

上司對你的期待是什麼？

是**「守信用的能力」**。

上司的職責是將本身組織應該達成的業務，由自己及部屬們一起分擔並完成。換句話說，上司將他應當肩負的一部分責任交給你了。

因此，上司對你的評價標準之一，就是「交給你的業務能不能如預期（或超出預期）完成」。能夠不負所望的人才，上司自然會「知道」你。

「他／她是個能夠準確完成任務的人。」

你是否讓上司有這樣的想法？絕不能因為不喜歡上司，就把他交辦下來的業務隨便敷衍過去。

不論在什麼狀況下，將上司交辦的業務完成百分之百以上，是你的職責所在，也是你將職涯極大化的最短捷徑。

抱怨上司或公司惡劣而不完成任務的人，機會絕不會到來。

為了讓上司認為你是一位有信用的人，你應該隨時隨地這樣做：

養成自己主動訂下約定的習慣。

例如，上司未提出交件日期時，你不妨主動說：「我會在○日○點之前提交成果。」

然後在交期之前拿出高品質的成果。

若約定在一月底交出達成率百分百的成果，結果你在一月二十五日就達到了百分之一百五十的成果，絕對令上司印象深刻。

你每次都信守承諾地完成工作，上司肯定會看見。反之，如果都沒照約定完成，上司就不會那麼注意到你了。

也就是說，信守承諾是讓上司「看得見你」的一環。因為「看得見你」，上司自然知道你，又因為知道你表現優異，自然會予以好評。

讓人事部知道

人事部會看重你的哪些部分呢？是**「被認可的能力」**。

人事部的職責是負責了解全體職員的工作情形，管理組織編制、薪資基金、升遷管道等。

有些公司的組織編制和升遷管道直接由人事部設計，有些公司則不然，無論如何，人事部就是時時在觀察：

「誰在哪個部門、工作情形如何？」

「那個人在自己部門和在其他部門的評價如何？」

「某某某在工作上這麼拼，相關部門對他的評價好像都很不錯耶。」

你當然會希望像這樣的好評能夠傳到人事部去。

當然，如果你做到了前面提到的「守信用的能力」，直屬上司對你的好評自會直接傳到人事部。「守信用的能力」就會連結到「被認可的能力」了。

人事部有時候也會處理到職員的異動、升遷事宜，因為對那位員工不太了解，這時候他們會需要有好的參考資料以及他人的評價。

「他得到周圍這麼多人的好評，肯定錯不了！」

能不能讓人事部的人如此評價呢？你的升遷命運就在這裡了。

那麼，具體而言，你該怎麼做呢？

搞一些花招也沒用。還是一句老話，就是每天確實努力地做好自己的工作。然後一點一點地主動擴展自己的職務，提出改善業務的建議，挑戰志工性質的活動，就會獲得更多好評。

此外，直屬上司會將關於你的資訊轉給人事部門，因此你也必須打好跟上司的關係。

不限於直屬上司，其他部門的上司，甚至是更高層的董事們，只要有接觸的機會就不要錯過。請多多發揮「守信用的能力」。

這樣就能搏得「那傢伙很優秀喔」、「幹得很不錯呢」這類的好評。

讓老闆知道

公司高層、老闆看重的是你的哪些部分呢？

是「**經營職涯的能力**」。

在眾多員工中，老闆會在何時認識你呢？就是在知道「原來我們公司有這樣有趣的人啊。」

這種場合，包括私人場合，你所投入的興趣、正在學習的技藝，都能讓你更出色。

芝麻小事也無妨，只要能讓人記得「經常參加高爾夫球比賽的○○先生」、「每次聚會一定擔任幹事或主持人的○○小姐」就夠了。

「舞蹈大賽得獎的○○小姐」、「運動大會拿冠軍的○○先生」這類私人訊息，有時也會意外地傳到高層耳裡。

自己的員工在外面世界風風光光，他們都會很開心，有種與有榮焉的欣慰感。

員工也可以主動接近老闆。

公司的大頭們並不像年輕人想的那麼可怕。其實，大半的老闆內心都期待員工對他說一聲：「下次喝酒請帶我去。」老闆不只想和董事高層們往來，也想和中堅主管們建立良好關係。

不要交由他人而自己安排場合的話，你的聲譽肯定一下飆漲。透過這類活動，老闆便能更加了解你這個人。

讓獵才公司知道

最後是「獵才公司」。

已經重複說過許多次了，他們看重的是「**被知道的能力**」。

其實，只要具備「守信用的能力」、「被認可的能力」、「經營職涯的能力」，自然就會發揮出「被知道的能力」。

因為，具備前三項能力的人，他的好評一定會傳到外界去。

「我們公司有這樣的人喔！」

「那個人大家都說讚呢！」

透過公司同仁或客戶，好評傳千里。

經常有人想要提升自己的風評，卻不重視自己與同僚之間的關係，只是拼命和外面的人交換名片、積極參加聚會等。

但是，公司外的風評是從公司內部風評來的。因此，你應該重視的是了解你的人、你身邊的人、與你關係匪淺的人對你的評價。

具備這四項能力後，你就握有職涯的主導權，轉職成功的機率也會一飛沖天。

順帶一提，獵才公司也很重視風評的一致性。

也不需要認為「一定要具備很多好評」。因為人都是寬以待己、嚴以律人的。

不過，「他是什麼樣類型的人？」、「他或她的強項是什麼？」這些點，應該眾人所見略同。

當然，有時候這部分也會各人看法不一。這種狀況多半是因為這個人在掩飾自己，或是正面臨工作上的難關，我們須小心判斷。

不要讓人有任何疑念，表裡如一地日日忠於職務，自然能提升「被知道的能力」。

別人不知道你的存在，你的職涯和年薪就不可能提高。

因此，請一邊樹立自己的工作風格，一邊奠定「被知道的能力」，爭取被提拔、將職涯極大化、進而達到年薪極大化的目標，你的人才價值就能向上翻好幾倍。

錄取的關鍵在於「速配感」

如前所述，透過「本身條件」×「廣為人知的程度」，才會有獵才公司或企業經營者找上門，然後經過幾次面試後，走到最後一關。

「太好了，這下我就能跳槽成功了。」

儘管意氣昂揚地等待錄取通知，偏偏在最後關頭總是等不到消息。心想「怪了……」而向對方詢問幾次後，終於得到回應：

「真的非常抱歉，公司慎重討論後，很遺憾無緣延攬您到公司，希望您諒解。」

這種事時有所聞。

明明遴選面試一路過關斬將，到底後來出了什麼問題？

就企業的想法，要任用三十歲後的人，當然希望這個人是主力人才、主管人才而能賦予重責大任，因此，比起招募年輕～中堅世代更為審慎。

按理說，如果你是條件優異的候選人，一開始，你的經歷、背景、業績、各種實績或是人脈，就會獲得賞識而脫穎而出，一路進入最後的遴選階段。

那麼，為何到了最後的最後，對方會認為跟你無緣呢？

這其中當然有種種因素，你很難得知不被錄取的所有理由。例如，該企業找到過去與你共事的人，對你進行某方面的信用調查，然後查到了不利於你的資訊。

明明經歷和實績皆優異，專業性和人脈也都是公司求之不得的，但就是卡住了……。

就我的經驗，**不錄用的原因多半卡在「速配感」**。

一言以蔽之，就是你與掌握最後決策權的老闆、部門主管，或是人事主管「不投緣」。

例如，你沒辦法讓他們覺得可以一心歡迎你的加入，沒辦法讓他們產生與你一起併肩作戰的想像，沒辦法讓他們覺得你和同事能夠相處愉快。

投不投緣、與企業文化合不合，這些都是任用三十歲以上的人時，特別重要、經常被討論的事。

對方能不能「覺得跟你很合」，這部分完全憑感覺，卻非常重要。

投不投緣是雙方的感覺，或許你在應徵過程也覺得你跟他們不太合，若是如此，與其勉強跳槽，不如別合作比較好。

你的目標不該是跳槽成功，而是進入新公司後，能不能與同事同心協力地長期合作下去。

如果讓人「覺得合不來」的原因是卡在你的某項人格特質，那麼為了將來著想，請試著認清自己的缺點並加以修正。

我經常會談到新將命先生所提出的理論，所謂「會做事的人」和「做好事情的人」，無論你是多麼「會做事的人」（工作能力、專業技術高），如果不是一個「做好事情的人」（人格特質優秀），就不可能在三十歲後成為一位成功的中高階幹部。

因為工作能力、專業、經歷、實績而驕傲自大，讓對方認為「**似乎很難相處**」、「**感覺很差**」、「**工作氣氛會不好……**」的話，恐怕對你日後的職業生涯大不利。

在三十歲後的轉職或職涯發展上，情感面、人格的成熟與否是重要因素，請確實審視這個問題。

用「彩色浴效果」找出自我宣傳的武器！

常言道，人不可能一步登天。

美國職棒大聯盟洋基隊的傳奇選手、同時也曾任教練的尤吉·貝拉（Yogi Berra）曾經這麼說：

「不知道自己的目的地，就永遠走不到想去的地方。」

沒錯。我們如果不知道自己的目的地、不知道該走去哪裡，就不可能抵達。

基本上我否定漫無目的的「職涯願景」、「職涯規劃」，我們要的不是這類抽象概念，而是能夠明確擁有對工作的堅持、想法與價值觀等。

此刻，你工作上的夢想和目標是什麼？你將來想真正從事這項事業嗎？你想讓這類商品或服務就這樣問世嗎？你願意擔任這項工作的負責人嗎？——針對這些問題，請務必把你的想法確實寫下來。

不要光只是在腦中空想，而要實際寫出來，這點十分重要。

因為一寫，有時你才會發現根本寫不出來，或者突然冒出你從未想過的問題。有一小時就寫滿一小時，寫到再無懸念為止，絕對有利無害。

有個心理學用語「彩色浴效果」（color bath）。

意思是「沐浴在色彩中」，亦即與你意識到的事情有關的訊息，會出現在你的周遭。

當有人問你：「這房間裡有哪些東西是綠色的？」於是你環顧四周，房間裡凡是綠色的物品就會進入你的視野之內。

當有人問你：「郵筒在哪裡？」你不會只看到郵筒，街上凡是紅色的東西都會優先映入你眼簾（日本的郵筒是紅色的）。

就是這樣的心理。

我們的大腦並不會處理所有見到的、聽到的資訊，否則如此龐大的資訊量會塞爆大腦。

大腦無意識地接收選擇性的資訊並加以處理。因此，我們應該利用這點，在腦中架設天線以接收、處理重要的資訊。

為了推銷你自己，你必須讓自己的目標或是重視的事情成為你的「顯性意識」，**你所想要的資訊就會鮮明地出現在你面前。**

創造「意料中的巧合」

你應該聽過「弱連結優勢」（Strength of Weak Ties）吧。

這是美國社會學者馬克・格蘭諾維特（Mark Granovetter）的學說，是一種社群網路理論：

「有價值的資訊或是新訊息，其傳遞或傳播管道主要不是親朋好友、同事這類強連結（Strong ties），而是來自點頭之交這類弱連結（Weak ties）。」

這則理論的基礎，是針對「轉職時能否獲得有益資訊」這項調查所得到的結果，也就是說，調查結果顯示，比起身旁親近的人（強連結），從不太熟的人（弱連結）那裡獲得資訊的機會占壓倒性多數。

我想，你應該也有同感吧。

透過親近的親朋好友，你能獲得的都是已知、相類似、相關性強的資訊，因此，當你想換工作時，比較難從親朋好友那裡獲得新鮮的資訊。

而網路社群中的人們平時不常和自己交換資訊，資訊內容也更廣泛、五花八門，因此反而容易從他們那裡獲得跟自己毫無接點的資訊。

某個意義上，網路社群組織化後，就和我們這種專業獵才顧問公司或人力仲介公司差不多了。

換句話說，要擴展自己的人際網絡、範圍、可能性，就要保持與外界溝通。

知道這個重點後，希望你能再了解下面這個理論。

史丹佛大學的克倫伯特茲教授（John D. Krumboltz）提倡了「計畫性巧合理論」（Career Planned-happenstance Theory）。

這個論點是，**職業生涯的八成都是被出乎意料的事件所左右**。你是否善加利用這些巧合事件？或是錯過它？能不能好好把握它？都將大大左右你的人生。

生涯有二種思考面向，「目的型（設想出終點並視為目標）」與「發展型

（隨著眼前結果臨機應變）。

哪一種才是正確的經營之道呢？

有人擅長採取從目標逆推回來的打拼方式，有人不擅於此，選擇面對眼前的現實而步步為營。

以我個人之見，我目前認為不應單選「目的型」或「發展型」，而是必須採取**結合兩種類型的混合經營方式**。

經營阪急電鐵和寶塚歌劇團的阪急集團（現為「阪急阪神東寶集團」）創辦人小林一三先生曾經這麼說：

「設定高遠的目標勇敢邁進，每天都將眼下的事情逐一完成，這樣才是到達目的地最近的捷徑。」

換句話說，確立出將來的志向、目標，每一天都對眼前的事情投以百分之一百二十、百分之一百五十的熱情去完成。

如此持續下去，在某個因緣際會，透過「弱連結」和「計畫性巧合」，你的職業生涯就會漸次拓展開來。

獵才公司也會參考社群網站

雖說是為了職涯而汲汲經營，但我想很多人對於「努力把自己推銷出去……」這種事有點抗拒吧。我自己也不擅於此，總是討厭強力自我推銷。

我將目前的內容做一下整理，總括來說——

「不是要敲鑼打鼓地讓人知道你如何又如何，而是用心製造機會，讓人自然地知道你。」

人們本來就是「**對未知、看不見的東西沒反應**」。

「你的強項是什麼？現在或將來想要做什麼？」將這件事明確地展現出來，讓人人都能看得見，這是你穩固三十歲後職涯所必須做好的事。

本書雖未觸及利用社群網路這個技術性問題，但你如果要讓自己平時的想法、創意、實績等，讓不特定多數的人們知道，你就必須有效利用部落格、推特、臉書等社交網路服務。

最近，許多企業在徵選人才時，理所當然地將在這類媒體的資訊列入考量，如果你應徵的是對資訊相當敏感且重視的企業，卻未在網路社群媒體發表相關訊息，很可能就落選了。

與其說「請幫我介紹工作！」，不如多多在這類媒體上散發出這樣的訊息：

「我這次想投入某某領域，而且我具有哪些相對應的經驗與技能。」

言下之意就是「如果你有這方面的想法，交給我準沒錯！」相關的經營者、企業，或是獵才公司也會心想：「原來如此，那麼就找他／她來談一談吧。」

不少活躍於各界的著名專業型經營者和顧問，都在這方面經營得有聲有色，請多加參考。

向名人學習自然的「推銷方式」

經常可以在財經雜誌、經營管理雜誌或電視上，看到許多活躍於各界的專業型經營者和顧問。

其實他們才是真正厲害的超級自我推銷員。

年過三十想轉職的人，請務必以這些人為榜樣。

他們的共通點就是為了被發掘、為了獲得案件，每天都拼了命地「推銷」。

只不過，他們的「推銷」和我們所知道的一般推銷行為有些不同。

他們絕不會說出「請雇用我」、「請給我案件」之類的話。

他們早就確立好自己的主題，隨時隨地準備好收發資訊的無形天線，在各式各樣可能對自己有益的場合中露臉。

如果碰到一個人讓他們直覺「我所擁有的這些知識和經驗，一定能對這個人（公司）的事業有所幫助」，就會立刻在腦中充滿想像。

於是，當場或是約好過幾天在其他地方，向對方說：「我認為貴公司的事業今後可以這麼做，你覺得如何？」並提出令他欣喜且有益的提案。

當然，未必這樣就能直接獲得聘用，但這樣的關係有可能在近期或是過了一段時間後，獲得「你能來當我們公司的董事嗎？」、「願不願意當我們公司的顧問嗎？」這樣的機會。

事實上，截至目前，已經有好幾次這種層級的人來向我提案或推銷案件、推銷他本人了。

我要說的是，世人眼中的大人物，他們的**行動都令人驚訝地快狠準**。

很多人認為「我們這樣的小公司……」、「我沒那麼出色……」而沒有自信，其實不必太過謙虛，就有一位經營者跟我提案：「我們一起來合作這個事業好嗎？」也有一位當紅的顧問在我們初次見面後的隔天，以「碰巧來到附近」為由，到公司來向我提案：「我認為在貴公司辦這樣的經營講座會非常不錯。」

這正是所謂的眼光精準，請找出彼此雙贏的部分，就能輕易向對方進一步提出構想或計畫了。

使命能夠吸引「人」、「資訊」、「緣分」到來

至此，我介紹了許多有助轉職成功的「自我推銷術」，你覺得如何呢？這些推銷術和一般要你去「招攬生意」、「交換名片」、「建立人脈」不同，或許讓你有些困惑。

不過，這裡介紹的自我推銷術都是平時一點一滴慢慢累積的，因此不會陷入硬要推銷自己，或是緊要關頭惡補的窘境。

中長期來看，相信你一定能理解這是非常「輕鬆」的方法。若能持續下去，肯定可以強烈感受到它的效果。

總括來說，**「一切都始於你內在的意志與熱情！」**

以《與成功有約：高效能人士的七個習慣》一書而聲名大噪的史蒂芬・柯

領導者必備的 5 個條件

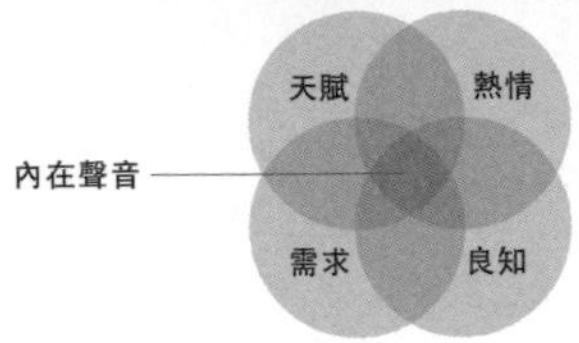

維博士在著作《第8個習慣：從成功到卓越》中提到：

「當你投入一項能夠運用天賦、點燃熱情的工作時，再加上，這項工作源自於世上不可或缺的需求，而完成該工作合乎你的良知時，在那當下，『內在聲音』便會響起。這就是你的使命、靈魂之聲。」。

「**天賦**」＝與生俱來的才能、優勢。

「**熱情**」＝讓你活力充沛、感到興奮、給予動機、促使你躍躍欲試的特質。

「**需求**」＝為了讓生活得以運作而被世人所需求的事情。

「**良知**」＝告訴你什麼才是正確的、激勵你加以落實的平靜且細微的心聲。

「**內在聲音**」存在於這四個面向的核心位置。

「你的偉大之處」就在這裡面，而且會像磁力般吸引你周遭的人靠近。

真正的領袖、「會做事的人」，都是懷抱熱情、意志與覺悟而投入事業中，與夥伴聯手做出成果後，感到心滿意足的人。

然後能夠獲得真正的自由，帶給周遭人幸福。

正因為如此，希望你在三十歲後的四十年間，都能成為一位真正的領袖。

這是我由衷的祝願。

chapter

6

目標當個領導者，讓職涯更安定！

消除未來不安所須具備的能力

喜愛閱讀者能步上理想的職涯

三十歲以後要順利轉職成功，你必須具備身為領導者的特質。這一章就要告訴大家提高領導力的秘訣。

「聰明就用聰明的做法，愚笨就用愚笨的做法，一件事只要持續努力數十年，定能有所成就。沒必要成為特別偉大的人，但要成為一名在社會上、在你的立足範圍裡不可或缺的人。

「你必須胸懷這樣的人生觀──透過工作，將所學貢獻世人。」

這是活躍於大正~昭和時期，從政壇到體壇影響眾多指導者的陽明學者暨思想家安崗正篤大師的名言。

這就叫做「一燈照隅」。意思就是，成為所在範圍裡不可或缺的人物，猶如照亮一隅的燈光。但並非是照亮自己的周遭，而是先要照亮自己。

不必搞得驚天動地，抱持著自己的人生主題，孜孜矻矻地努力不懈，這點非常重要。

新將命先生說：「努力就會成功。」努力投入，就是成功、克己、贏得勝利的要訣。

順帶一提，我認為各個年齡層的人都應該仔細探索下列主題。

●二十歲後是「志學」

首要之務是立志。廣泛閱讀、觀察、聽聞古今中外的偉人事蹟、英勇事蹟。另一方面，也須確實通曉實務知識。不可小覷，徹底閱讀實用類、知識類的書籍，肯定大有助益。

●三十歲後是「實學」

日本明治時期著名思想家福澤諭吉說：「實學就是和金錢有關的知識。」宜在此時期讀遍經營用書、商務用書。

在這時期確實養成閱讀這類書籍的好習慣，之後隨著年齡增長，你能從書中了解更多世上的森羅萬象，提高你的實務能力與身為一個人的綜合能力。

在不同階段持續擁有不同生涯主題的人，將成為各方爭取的人才

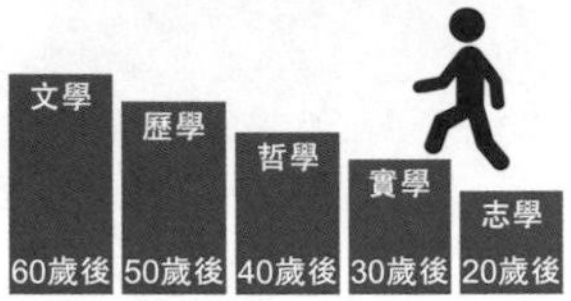

不愛讀書的人不可能成為一位成功的事業家、經營者。如果你是一位博覽群書的人，應該在三十歲前便已養成閱讀習慣。

- **四十歲後是「哲學」**

不是要你去讀哲學家的書，而是閱讀經營者、有識之士、現在或過去活躍於各領域第一線之人的哲學及思想的書籍、資料或紀錄片等。四十歲後應以接收這類資訊為主。

將自己日常在工作上的努力，與這些名人的思想與行動力之來源互相參照比較，能幫助你更確立今後職涯上的意義及目的。

- **五十歲後是「歷學」**

時代是不斷重複的，一到五十歲，很多人可以從過去的經歷當中，進一步找出其中的共通法則、原理和教訓。

以超越本身生涯的宏大視野來看，就會從中感受到時間軸。

- **六十歲後是「文學」**

到了六十歲以後，即便不是與商務、事業直接相關的事情，也變得能夠從中獲得教訓、構想和啟發了。

很多前輩都說，將年輕時讀過的小說重新再讀一遍，往往發現：「啊，原來有這層意思啊。」

當然，並非涇渭分明地劃分出哪個年齡層該讀哪一類書，但是博覽群書、從年輕就奠定學習能力的人，會隨著不同年齡階段鑽研特別的主題。

因此，讀書或學習各種事物都一樣，必須針對當時的工作、配合當時的年紀，**持續不間斷地進行徹底的「鍛鍊」並累積「經驗」**。

要成功、成長進步，絕對少不了「持續學習」再加上「密集地出擊、累積經驗」。

據說畢卡索的一生中，總共繪製了一萬三千五百幅油畫及素描、十萬幅版畫、三萬四千幅插畫、三百件雕刻和陶器。

在同樣期間內，**比一般人完成二倍、三倍學習量與實踐量的人，終會勝出。**

生涯的學習、投資及實踐。這既是中長期主題，也是你該立即著手進行的事。

那麼，這一個月內，和別人相比，你完成幾倍的學習投資與實務經驗呢？

請回顧看看吧。

樂在遊戲當中的人表現出色

「立刻做、一定做、做完為止。」

這句話出自日本電產公司社長永守重信先生。

我認為這是一切事物的基礎。

曾任「博報堂」廣告企劃的中谷彰宏先生，經常舉辦講座且有許多著作，有一本書叫做《立即行動的人，萬事皆順利》（書名暫譯），我也認為的確如此。

被上司一唸再唸仍然不做、不改的人，當然不可能順利。

在那當下多少做一點的人，也許暫時會稍微順利一些，但多半馬上就恢復成之前那個「不做的人」，因此就結果或長期來看，都不會順利。

唯有立刻行動且能持之以恆的人，才能夠順順利利。

這是放諸四海皆準的事實。

明明有能力卻不想去做、總是無法堅持到最後的人有一個共通點，就是**「好高騖遠」**。

反之，總是把事情做完的人，他們早就養成了好習慣，即便日常瑣事也一定兢兢業業地完成。

常言道「循序漸進」、「萬丈高樓平地起」，都告訴我們要從日常瑣事中養成持之以恆的好習慣。

「長崎強棒麵」創辦人鍵山秀三郎先生有一本著作名為《凡事徹底》（書名暫譯），的確，這種態度相當重要。

業務的專案也一樣，不應追求一口氣做完，應該將整個過程細分開來，如打遊戲般一關一關攻克下去，這點十分重要，能夠如此，就能踏出一大步了。

持續經營職涯的人不會選擇「環保駕駛」

每個人認為「理所當然」的基準都不同，而這正代表了該人的實力程度高低。

「達到這個程度是當然的」、「最起碼要做到這個程度」……每個人所認為的最低限度，不但因人而異，並且落差相當大。

你能夠經常迅速確實完成的「最低限度」，決定了你的達成度、位階高低、成長可能性及成功的程度。

有些人總是充滿理想抱負地說：「我想要達成○○目標」、「下次我要用○○方式完成它」。

當然，跟那種連抱負都沒有的人相比，這種認真擁有抱負並表達出來的人更勝一籌。不過，很多人卻誤以為這樣就能成功。

他們一方面認為「必須每天兢兢業業」，一方面卻疏於努力；犯錯時，雖然認為「應該誠實認錯」，卻同時自我辯護、將一切合理化。

這種「理想價值觀」與「實踐價值觀」的乖離，不但會損及別人對你的信賴感，也會損及你的活力及行動力。

不切實際的抱負只會淪為一場空。

重要的是，你必須讓「理想價值觀」與「實踐價值觀」保持一致，讓思考與行動同步。

不是「要做」，而是「做完」；不要只是空口說白話，而是付諸實踐。

拙著《理所當然卻行不通的組長、主任法則》（書名暫譯）的書腰上用了一句標語：「成為團隊中最不願放棄的人！」**三十歲後要開拓職涯並獲致成功的人，一定要成為「團隊中最不願放棄的人」**。

換句話說，就是堅持到最後的最後，不斷告訴自己「之後會更順利吧」、「無論如何都要達成任務」、「有沒有更好的方法呢」始終不放棄、韌性堅強的人。

說做就做，但開始做以後並非草草了之，而是直到期限之前都不斷地多方嘗試，保持實踐力及完成力。

唯有這樣的人，才能隨著三十歲、四十歲、五十歲年齡增長而累積經驗，不斷成長而持續締造出更輝煌的成果。

不論幾歲，都必然且必須在工作上一路挺進，但若「燃燒殆盡」便一點意義也沒有了。

那麼，什麼樣的人能夠持續成長、活躍，哪些人又辦不到呢？

這兩種人的差別就在於，為了不「燃燒殆盡」，你是採取「環保駕駛」（節能駕駛）？還是採取「自行發電」（利用每天的活動來創造活力）呢？

環保駕駛不是為了讓自己永續生存，而是在每況愈下、遲早能源消失殆盡的前提下，所採取的戰略。

希望你不要選擇這種方式，你應該採取的工作方式是，**為了自己的生涯發展，讓每天的活動成為一種鍛鍊與投資，創造出下一次的動能。**

不去做，比犯錯更糟糕

當我們還是新人的時候，所學到的東西，會比起之後在職場上的學習還要更深刻數倍、數十倍。

例如，對我來說，新人時期至今仍令我難忘的教訓就是「不做之罪」。

我大學畢業後進入「Recruit Career」公司的人事部門，在新進員工訓練中，人事部長T先生對我們說的話，現在仍印象鮮明。

「不去做，比做了但失敗，還要糟糕數十倍、數百倍。」

這種話只會出現在毅然決然投入新事業而不斷成長起來的「Recruit Career」吧。但求平安無事、只選安全的路走，是不會進步、成就大事業的。

俗話說「不買樂透的人永遠不會中樂透」，只要勇於挑戰，即便失敗了，也能從中獲得寶貴的教訓。反之，怯戰而不敢行動，雖不會失敗，也不可能成功。

這句話成為我展開職業生涯之初，十分重要的座右銘。

之後，我因從事人力資源工作而看盡各種人士的成功與失敗，持續觀察某項事業及經營狀況的成功與否後，確實感受到這是普遍的法則。

就個人在所屬企業內的業務來看，荒謬的不法行為、盜領行為等另當別論，一般的工作上就算犯了較大的錯誤，**也不會真的嚴重到哪裡去**。與之相比，什麼都不做、不採取行動，以致上面交代下來的洽商和業務毫無進展、接不到訂單，這種後果帶給公司的負面影響才更大。

被公司炒魷魚的理由，不是因為勇於挑戰而失敗，幾乎都是因為一事無成造成的。

不過，當然不是要你魯莽地到處亂闖禍，**而是要有隨時撤退的心理準備，設立停損點、苗頭不對就收。**

所謂「兵聞拙速」，很多人解釋成：「與其花太多時間準備而延遲進行，即便準備不足也要及早進行。」

但是，我仔細讀過原文（《孫子兵法》）後，發現意思並非如此。

戰爭須耗費莫大的時間、金錢與其他成本，而且風險甚高，於是，時間拖得越久，多餘的費用就會增加，風險也會更大。

因此，與其「以完全勝利為目標而拉長戰線」，應該「就算多少做了妥協、和解，也要及早結束」這種解釋才是正確的。

的確，這麼一來就不會工作拖拖拉拉，也不會延遲完成，更不會有生產性低的加班行為，當然也就不會衍生赤字。

著手進行，並做出一定的成果後，或是判斷出繼續進行也難有成果後，就該迅速了結。

提早在期限之前就完成，全力以赴，不要拖拖拉拉。

優秀主管具有高超的「經驗力」、「直覺力」、「分析力」

加拿大的經營學者亨利．明茨伯格（Henry Mintzberg）認為優秀的主管應該發揮三種力量：

「經驗力」
「判斷力」
「分析力」

並且認為這三項能力必須平均地發揮出來。我非常同意。三十歲以後的實務能力、職業生涯，是由經驗再配合分析（邏輯）與判斷力相輔相成而進一步開展、深化、精益求精。

將這三項能力放在心上，從日常的業務中學習，並在工作之餘從書籍、研討課程中持續學習，這點非常重要。

分析、邏輯思考是工作能力的基礎，請務必加強這方面的能力。坊間有很多相關的好書和課程，你可以選擇適合自己的內容去進修，而本公司合夥人細谷功先生提倡「地頭力」（解決問題的能力），他將邏輯思考予以系統化後，架構很容易了解，在此介紹給大家。

所謂「地頭力」，意指：

- **從結論來思考（假設思考的能力）**
- **從整體來思考（架構思考的能力）**
- **單純地思考（抽象化思考的能力）**

邏輯思考是將「演繹法」、「歸納法」，利用「邏輯樹狀圖」加以展開並分析的思考方式，其他還有很多種邏輯推理方式，請參考相關專書，而「地頭力」是「從結論思考」、「從整體思考」以及「單純」思考的公式，可以隨時隨地運用並派上用場，非常厲害。

建議各位應在三十歲後期間，便養成懂得如何歸納重點的思考習慣。

持續鍛鍊提問的能力

三十歲以後，會隨著「提問能力」而與其他人拉開差距。

不論在何種場合都能問出好問題、有效的問題，這就是三十歲以後能夠有所進步、發展的人。

反之，停滯不前、不會做事的人的共通點就是在會議、公共場合，乃至個別的經營管理場合，都是「很少甚至沒有發問」。

能夠提問，表示你具有問題意識、有心尋求解答、企圖學習解決對策，也自然而然表現出你對周遭事務的關注。

我曾經從明治大學文學部教授暨人氣評論家齋藤孝先生的著作當中讀到這麼一句話：

「好問題」＝「本質層面」×「具體層面」

雖然不是馬上就能夠辦到，但這個公式深得我心，因此印象深刻。

再配合之前細谷功先生的「地頭力」公式：「從結論思考」、「從整體思考」以及「單純」思考，仔細檢視你想發問的問題，相信就能隨時隨地提出聰明且令人佩服的問題。

用心經營職涯的人會靠近那些幸運的人

正所謂「物以類聚」。

積極、走運、一帆風順的人們會物以類聚；同樣地，消極、倒霉、諸事不順的人們，也會聚在一起。

我常常覺得不可思議，為何「倒霉鬼們」會湊在一起，進入同一家公司，甚至結為夫妻。

一言以蔽之，是因為不論好壞，這兩類人都各自無意識地覺得湊在一起很舒服自在。

要「甩開壞男人」，不能只是和壞男人分手，如果自己的價值觀、行動基準不改的話，肯定會再碰到其他壞男人。

這和選擇企業是一樣的。如果有人不知為何老是碰到倒閉的公司、無良的企業，肯定是那個人的價值觀和行動基準出了問題。

而且，為了「轉職」而轉職、為了「結婚」而結婚的人，特別容易陷入這種泥淖中。

問題不在形式，如果沒看清事情的本質，往往落得「貪圖便宜買到爛貨」，因小失大。

人生可不能「一再重蹈覆轍」，因此「轉職請三思而後行」。

「碰到運氣背的人，自己的運氣也會跑掉，能量被吸光」，這是真的！

一帆風順的人，會讓身邊的人都處在「舒適的氣氛、空間」中，將「糟糕的氣氛」徹底排除。

請小心謹慎，只跟有正能量磁場的人、走運的人交往。

這也是建構理想職涯非常重要的事。

發揮領導力的順序

企業任用二十多歲的新手，看重的是「能否活力充沛地工作」，但任用三十五歲以後的主管和幹部級員工，企業會審慎評估「到任後，能否讓公司同仁活力充沛地工作」。

任用年輕新手，只要考慮有沒有那個人的位子即可，但任用主管和幹部，就不是這麼回事了。

任用主管階層的人，不會只考慮有沒有那個人的位子而已。

而是會考慮那個人到任後，能不能為企業或部門帶來巨大且正面的轉變？能不能讓現在的員工更積極地工作？

也就是說，能否為公司帶來巨大且正面的轉變，是組織單位的期待，也是決定是否任用的關鍵。

至少，三十歲以後，身為公司的一份子，你想在組織中獲得明確的職務，想提升自己並做出貢獻，想保有自己的存在價值，**你就必須成為一名能擔當管理責任並有所貢獻的人才**。

希望你能保持積極的態度，勇於汲取主導專案、統率部下的經驗，在三字頭這段期間不畏失敗地多方挑戰，這對你四十歲後的職涯將大有幫助。

尤其三十幾歲期間有過用人經驗，四十歲以後就能大有發展。

同仁不聽你的話，被部屬討厭……，成功的經營者和領袖都有過這種用人的困擾經驗。但不少人於此時正面迎戰、用心經營，因而脫胎換骨更上一層。這就是經驗賜予的禮物。順帶一提，領導力有其順序。

確立自己→一邊前進一邊發揮對周遭的影響力→從回饋中確立更高的目標及使命→為了實踐目標及使命，促使夥伴們確立自己→讓他們發揮各自的影響力。

這就是領導力的「順序」。

一位領袖能夠遵循這些步驟來領導團隊，這個團隊就會成為一個為實現偉大目的而發光發熱的組織。

先「情感」、後「邏輯」的法則

我們往往以為人是依合理的邏輯思考而行動，但是錯了。人其實是依「情感」行動的，然後才用「邏輯」來合理化、正當化該行動。業務也好、行銷也好，乃至經營管理上，我們該優先處理的是對方的「情感」。

動搖顧客的情感，使之採取行動，然後該行動就會提供「這麼做是對的」這個「邏輯」。

也就是說，**先「情感」、後「邏輯」**。

依此順序而為，你的影響力就會大幅提升。

能夠領悟出這種溝通技術的人，就能脫穎而出。

搶手的人才具有「金錢知識」

從不同角度看待你本身的工作方式或成果，這點也非常重要。亦即，你可以從「事業端、經營端」的視點來看待自己的工作及成果。

具體而言就是，往後退一步，保持適度距離來觀察自己的職務能力，另一方面逐一確實完成職務。換句話說，你必須將工作當成自己本身的一部分。

以下有四個簡單的判斷重點，能幫助你評價自己的工作能力及成果。

- 假設你目前的工作得要外包出去，公司願不願意至少付出你目前的薪水，或是甚至付出三倍的薪水給你？
- 競爭同業想不想爭取你這樣的人才？
- 緊要關頭時，你能找到幾個公司以外的朋友提供協助？
- 你參加了幾個公司外部的定期聚會？

若能時刻如此檢視自己，每天兢兢業業地工作，提高身為領袖的職務能力，那麼假設有一天你因為捲入公司內部「政爭」而在角逐升遷時敗北，或是部門被收購、縮編裁員時，你依然會是「搶手的人才」。

此外，毫無「損益概念」及「資金周轉」相關知識的人，肯定沒在為將來做準備，也絕非居上位者。

按理說，我們領了公司薪水，就該提供對價的勞務才對，然而我意外發現，很多部長級以上的人都搞不清楚自己的「損益平衡」、「資金周轉平衡」。

請你思考一下：

- 自己領了多少報酬，是否提供相對的回饋？
- 自己對公司的貢獻、為公司賺到的錢，和自己所領到的報酬匹配嗎？
- 自己擔任的職務，其「損益」及「資金周轉」狀況如何？

你常懷多少這樣的意識，就決定出你將是一位被爭取的領導人才，或是被棄之不用的庸才。

例如，有人這麼說：

「我覺得公司都不懂。我當然知道現在局勢不佳，但為了將來著想，我認為公司必須做更多的投資才對。

「包括我目前負責的業務也一樣，如果公司能再投資個一、二年，我們播下的種子、打下的顧客基礎，幾年後就會開花結果的……」

這種想法某個面向是正確的，但會說這種話的人，多半並未以領導者立場去思考「資金如何周轉？資金打哪來？」這些問題。

甚至不少人只是想著：「唉呀，這個……，資金問題公司自會想辦法。」

經營者應該會為這種毫無經營意識的人而傻眼吧。

關於自身的損益，我要強烈建議有志成為領袖的各位，**請試著製作「自我公司」的損益表及「個人」的資產負債表**。

自我公司的損益表，指的是把自己比擬為公司後，所製作出來的損益表。

例如，將自己締造的營業額當成「營收」，將實際領到的薪水當成「人事費用」。

這裡不是在談一般的人生規劃，因此，如果照一般的想法就會完全搞錯了，請特別注意。自己領到的薪水不是「營收」，而是「人事費用」。

舉例來說，井上這名職員把自己設想成一家虛擬的「井上公司」，這家公司跟井上目前任職的A公司有合作關係。

- **井上公司為A公司代銷何物（若是一名業務員，營業額有多少）？**
- **井上公司付出的薪水，以及保險費、稅金、其他各種經費是多少？**
- **假設是團隊合作，不妨想像一下A公司同事們的薪水，如果要請他們做這件工作，大約須付他們多少錢，而且使用A公司的資源，最終能獲利多少？**

只是粗略規劃也無妨，請常常在腦中想像這些事情。

至於個人的資產負債表，這部分和一般人生規劃較相近，請將自己的「資產」，包括無形之物，一起好好盤點。

由於此舉也非以人生規劃為目的，而且有些東西無法以金錢衡量，因此，這類生財器具只要大略算出個總額就行了。

比「資產」更重要的是「負債」，「負債」指的是你對自己做了多少投資。只要你認為那是對自己的投資，項目為何都無所謂，參加研習會的費用、書籍費、聚餐費、看電影的費用都可以。你必須知道這些金額在你的總資產中所占的比例。

「資產」也包括人脈、技能、知識、資格等。**請至少一年分析一次。**

這原本就不是嚴密的計算，只是為了幫助你掌握自己的真實狀況而已，請寫下來吧，你就會對提升職涯有許多新看法了。

獲得穩健職涯的經營者五大能力

截至目前，我一共見過八千名以上的經營者與經營幹部。

一路走來，我每天都在不斷思考：

成功者與不成功者的差別為何？身為領袖所須具備的共通能力是什麼？

然後得出提高年收入須具備的條件就是「經營者能力」，也就是以下的方程式。

接下來要告訴大家的經營者能力，是三十歲以上商務人士所必備的能力，是那些只懂得一個指令一個動作、從未獨立執行職務的人身上，絕對看不到的關鍵能力。這是提高領袖資質的要素，你大可直接將之視為「五十年職涯極大化」的方程式。

經營者能力＝（規劃力＋決斷力＋完成力）×整合力×持續學習力

規劃力

也就是**構想能力**。

成功的經營者經常掛在嘴邊的話就是，「在腦中鮮明地描繪出藍圖，然後向員工及公司外的利害關係人說明」。

這是從「看不見就無法達成」這個信念衍生出來的做法。

經營者必須具備將公司的事業願景及最終目標規劃出來的能力；一般職員的話，則須具備將每一項服務的完成目標規劃出來的能力。

要鍛鍊規劃力，就要站在比目前更高兩級的職位來重新看待目前的工作。

若是課長，就站在部長的立場；若是部長，就站在董事的立場；若是中堅幹部就站在部長的立場，俯瞰自己的所在位置及工作內容，確認自己是否已明確規劃出自己的角色及願景。

決斷力

也就是**下決定的能力**。

領導者時時刻刻、分分秒秒都在持續下決策。而且決策的方法會反映出經營者的個性，有人向來獨斷獨行，有人則是採取合議，取得眾人的共識後進行。

當領導者無法下決斷時，組織就會混亂一片或停滯不前。失去前進方向的組織，要不是迷航，要不就是落到動彈不得的下場。

二十世紀型大企業的決策模式，很多都是形同「推卸責任」。「那位董事怎麼說？」、「如果大家都說好的話……」、「先去問問副社長的意思。」

無法決定竟也變成一種決策結果，但是，這樣會帶來怎樣的災難，看看過去喧騰一時的粉飾決算、大型倒閉等問題就明白了。

這些都是拖延決策所帶來的悲劇。此外，包裝不實問題、粉飾決算的內部告發，也都是「錯誤的決定」所帶來的悲劇。這是因為「當機立斷」很困難、下正確的判斷也很困難。

要訓練決斷力，就從養成凡事自行決定這個習慣開始。

唯有這樣，才能要求自己日常所有事務皆當機立斷。

重點在於是，你必須找到你自己的理由。

例如，用餐時不能說「我也一樣」，就算勉強，也請你務必找出為什麼要點這道菜的理由。

「因為是這家店的招牌菜」、「今天領薪水，所以要吃喜歡吃的」、「已經好久沒吃肉了」……等，什麼都可以。

因為能夠下決斷的人，就是心中有明確判斷基準的人、能夠設定判斷基準的人。

完成力

也就是**業務執行力**。不是光會畫大餅而已，而是有能力將決定好的事情徹底完成。

事情未必能一如預期，恐怕不如預期的情況更多。

此時，恐怕不少人會丟出「果然還是不行啊……」、「我覺得那傢伙的意見錯了」之類的話，將責任推諉他人。

成功的經營者、成績斐然的領導人，他們在這種局面下的堅持異於常人。

「這行不通嗎？那麼，換另一種方式吧！」他們會立即調整步伐、修正軌道後進行新的做法。

宛如電玩闖關般一步一步攻克下去，這種完成力能為第一線人員帶來勇氣，進而開出通往成功的大道。

鍛鍊「完成力」的方法，就是將大目標劃分成小目標，逐一攻克。

首先，請養成「不要一口氣以最終點為目標」的習慣。

比起「月業績○○萬」，「週業績○○萬」，甚或是「每日業績○件」都更具體且更容易達成。

就算「全部完成」是一個相當高難度的目標，只要將之劃分成小小目標，就會出乎意料地容易達成了。

目前所列舉的三項能力，都是經營者該具備的基礎能力。

而接下來的兩項能力，請注意，不是相加的效果，而是相乘的效果。也就是說，它們能讓基礎能力產生槓桿作用，效果更加倍。

整合力

也就是**領導能力**。

在商務上，一個人能完成的事畢竟有限，而所謂領導者，就是能「領導別人完成工作」的人。

「整合力」高的人能夠成就大事業。很多戰後世代的經營者都是將這種能力發揚光大，造就出具日本代表性的企業及產業。我認為今後的時代，「整合力」將重新受到重視，而且越來越重要。

持續學習力

各位，當你把這本書拿在手中，就表示你已經具備這項能力了，也就是**學習力、養成學習習慣的能力**。

經營者或組織中的領袖必須因應時代的變化，也就必須自我要求「日日學而不倦」。

虛懷若谷、不受制於過去的成功經驗，從萬事萬象中學習、向所有人學習。為此，必須養成徹底反覆學習的習慣，直到自己的經營能力已經成為「方法記憶化」為止。所謂「方法記憶化」，意指就像騎自行車一樣，一旦學會就能直接重現出來一樣的動作。

成功的經營者不論在事業上或私生活上，都擁有幾個自己完全不以為苦的習慣，旁人卻驚訝：「咦？竟然做這樣的事做到這種程度啊？」這就是所謂的「熟能生巧」。

請好好鍛鍊這五項能力，於每天的工作上揮灑自如。

因為這是成為讓企業更有活力、讓國家更豐盛強大的一流領袖人才所須具備的經營能力。

建立無利害瓜葛的人際關係

對年過三十的你來說，基於以下三個重要理由，你應當除了工作以外，還有其他的社交活動。

第一個理由是，**無利害瓜葛的社交活動能達到恢復精神的效果**。即便每天工作被壓得喘不過氣，但只要有與之無關的社交活動，就能讓人轉換心情，也能從同好那裡獲得一些自我認同。

第二個理由是，**雖然並非即時有效，但有一些社群很可能幫助你拓展或深化與工作相關的知識及人脈，值得加入**。

持續從良好的人脈及社交活動中學習、接受刺激，絕對能在三十歲後的職涯產生相當大的槓桿效果。

第三個理由是，**能在緊要關頭成為重要的外援**。加入外部社群，當工作受阻時、必須下重大決斷時、亟須外界的援助時，就能發揮威力了。

請加入跟你現職無直接關聯的社群團體吧！擁有良好社群關係及人脈的

人，就算出了什麼萬一，也能獲得周圍的支持而避免一蹶不振。

持續工作、不斷自我投資的人，未來無慮！

工作是非常重要的事。為了更好的生活、為了家人，都是有錢才能過得更豐富，特別是從職涯極大化這個觀點來看，「工作就是一種投資」。

工作 → 自我投資 → 工作報酬提升工作能力、人才價值 → 業績成長、事業成長 → 勝任更多工作 → 再投資

能夠持續不斷進行這個循環，才能讓三十歲以後的職涯極大化。「自我投資」可區分為三大類別：

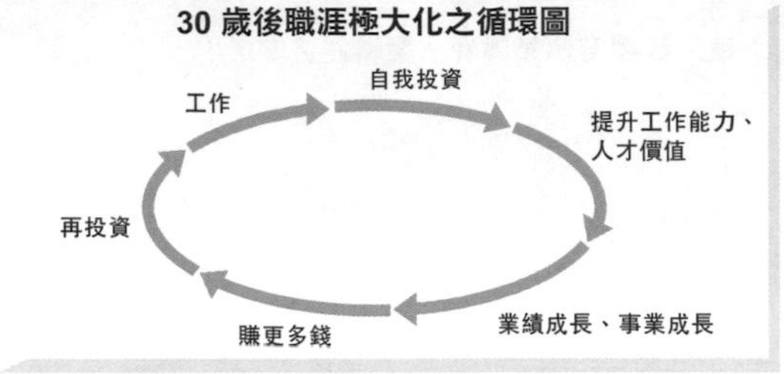

1 與人見面

2 獲得資訊

3 到處走動

其實還可以再加上「保持健康」、「自省」，在此將這兩項包括在「資訊」投資裡面。那麼，你做了哪些投資呢？判斷方式很簡單，只要檢視一下你花最多時間及最多金錢的事物是什麼即可。

如果你花最多時間及金錢的事物並非「投資」，而是「消費」、「浪費」（賭博、暴飲暴食、起不了作用的交際費等）的話，即便並非全部，也請你今後務必極力減少這種事，並努力將之轉為「投資」項目。

松下幸之助先生在著作《經營之神的初心3：松下幸之助的職人精神》中有這麼一段話：

「週休二日時，各位是抱持何種心態度過的呢？能否『一日教養』、『一日休養』般地有效利用呢？

我希望各位不會無所事事地度過假期，而是能夠思考出一個適切的提升身心的方法，並加以實踐。

關於這個提升身心的課題，或者該說是提高教養、提升工作能力、打造健康身體等課題，我有一個問題想請教大家。這個問題不是別的，就是：

各位在學習時也好，運動時也好，是否常懷這樣的意識：

『之所以如此努力地提升自己，並非純粹爲了個人，而是身爲社會一份子的自己所該盡到的義務。』」

這是日本於昭和時代開始實施週休二日制時，松下幸之助先生所說的話。為盡到身為社會一份子的義務而提升自己。我很認同「一日教養」、「一日休養」這種做法。

順帶一提，各位知道「普墨克原則」（Premack principle）嗎？

「普墨克原則」意指「從低頻率行為的結果來看，從事高頻率行為（喜歡做的事）可以加強低頻率行為（不喜歡做的事）的頻率」。

簡單說，就是「**先做不喜歡的事，再做喜歡的事，就會提高做不喜歡的事之意願。**」反之，從頻率較弱的那一方面來說，「從高頻率行為的結果來看，從事不喜歡的行為將會減弱喜歡的行為之頻率」。

換句話說，先做喜歡的事，再做不喜歡的事，就會減低做喜歡的事的意願。

總而言之，就是將喜歡的事情或工作保留起來，先從不喜歡的事情、討厭的工作開始做，就會兩全其美了。

心理學上也證明了「先苦後樂」的效果。請將「普墨克原則」應用在工作及生活上面吧。

三十歲後的轉職活動，在你的職涯形成上有舉足輕重的影響。此外，必須工作到七十歲的現代商務人士，也必須攻克這場職涯長期抗戰才行。

為了持續活躍於職場上，必須確立領導能力。希望你能充分了解本章所傳達的訊息。只要鍛鍊好這些能力，就能消除對未來的憂心了。

特別
附錄

先知先贏！

揭露職涯的真實與謊言

反正最後就去當個顧問?!

最後，以附錄形式介紹若干有助於提升職涯的重點知識。

首先是，「年紀輕輕當社長，是個值得商榷的問題」。

四十多歲當上社長的話，任期五年退下來，也才五十歲左右，工作人生還有二十年，如果三十多歲當上社長，工作人生還有三十年之久。

當過社長後，再回鍋當一般董事、部長，甚至是課長的話，恐怕現實上，本人和公司都不容易接受。

弄個不好，年紀輕輕就當上社長，未來的職涯之路會更難走，說不定成為提早退休的導火線。

你若能當一名忠實的參謀，其實**在參謀職位上長久做下去也不差**。

若要選擇終身的職業，就要在四十到五十五歲之前跨出去。

顧問、教育工作者、研究者、作家、其他各種個人事業主……我經常遇到有意從事這類工作「其中任何一項」的人。

「那麼，何不做做看？」當我這麼說，對方卻回答：「還早啦，六十歲以後再說。」

我可以斷言，抱持這種想法的人，年過六十後也不會成功獨立或開創事業第二春。

因為在某個意義上，他們太小看從事這些工作的人了，在他們眼中，這類工作幾乎算是用來養老的工作。但所謂的專家，在其專業上，絕對要比一般上班族多付出十倍、一百倍的心力。

能夠從事這些工作並獲致成功的人，一定是從商務人士時代就意識到自己的專業領域，並且潛心投入，待本領高超後再獨立或轉行，絕非以「養老」這種天真的態度為之。

而且，能夠當成終身的工作，肯定在三十幾歲、四十幾歲就完成了所有知識與經驗的累積，才能一生以此為職。

如果你真心想以顧問、教育工作者、研究者、作家、其他各種個人事業主為目標，「現在起」就要為轉行做準備了。如果沒有這種氣概，還是老老實實待在企業裡吧。如果你對未來有所想像，那麼現在就為轉行做準備！

「通才」和「專才」哪個好？

三十歲以上的中堅、資深世代，經常問這個問題：

「你能不能告訴我，今後的人生，是應當追求專業性（專才）比較好，還是當一個通才比較好？」

所謂「通才」，指的是平均具有各領域知識及能力的人。

老實說，並沒有一定的答案，總而言之，我的答案是，請以下列方式來思考：

「你喜歡、擅長的工作」×「職務種類需求高、就業市場需求高的工作」

就算是你非常喜歡且十分擅長的工作，若世上並無這種職務需求，或是今後這個業界將明顯衰退，即便你再如何努力，也無法期待付出與報酬成正比。

不過，最近很流行預測「十年後值得從事的工作」，**如果那些工作或那個業界並非你所喜歡、擅長的，卻拿來當成目標，可就愚蠢之至了**。

工作是日常生活的一部分，如果沒有幹勁、無法投入，就不會持續下去，也不可能獲得成長。

因此，與其區分通才或專才，不如從官方資料中，仔細確認你所看到的現實中的職場環境、事業環境，收集相關資訊。

話雖如此，還是必須有相關材料作為評估職場時的參考。在此介紹一下我的想法。

參考因素之一為**「以薪水為重的工作」**或是**「以成果為重的工作」**。

另一個因素為**「全球性的工作」**或是**「國內（地域限定、區域性）的工作」**。

這兩項，再乘以之前的「你喜歡、擅長的工作」×「職務種類需求高、就業市場需求高的工作」，應該就能判斷出你今後適合走哪方面。

「以薪水為重的工作」指的是誰來做都一樣的業務，「以成果為重的工作」則指個人差異大、附加價值型的職務。

假設你選擇的是「以薪水為重的工作」×「全球性的工作」，那麼勝負就在於薪資、人事費用，因此那項工作就未必限於國內，**全世界薪資便宜的人都是你的競爭對手，挑戰相當艱鉅。**

假設你選擇的是「以成果為重的工作」×「全球性的工作」，那麼你要找的就是近年常說的全球性領導人才的職務，或是資訊業及網路類、製造業等全球競爭中的專業技術職。

不少對外語及能力有自信的人，正陸陸續續將眼光放眼世界，勇於挑戰。我希望不僅在運動領域，在商務領域也有越來越多能向全世界挑戰的高階經理人才及領導人才。

只不過，這種人必須具備**在競爭中脫穎而出的能力，以及不屈不撓的精神。**

「以薪水為重的工作」×「國內（地域限定、區域性）的工作」，對於在此框架內就心滿意足的人、想在一個地方落地生根的人而言，我個人認為這是今後可以期待的工作。

這類工作比較不會受到來自全球的劇烈威脅，因為它的地域性高，可免於來自國際人才的追擊。

不過，這個領域在「就業市場需求」方面**大多有衰退傾向，以中長期來看頗令人憂心**。

「以成果為重的工作」×「國內（地域限定、區域性）的工作」也頗富魅力。由於這領域的工作要求附加價值，因此必須具備相應的專業與工作能力，但只要具備了，能在一定的領域中**持續展現出存在感及價值，就能脫穎而出**。

無論如何，重點在於「你喜歡、擅長的工作」×「職務種類需求高、就業市場需求高的工作」。

請你務必確認你本身目前屬於哪個範疇，今後想前往發展的那個地方是屬於哪個範疇。

若能盡量讓自己朝附加價值那一邊（以成果為重）的工作前進，就會更接近「五十年職涯」極大化這個目標。

你想以哪個範疇的工作為目標呢？只要仔細思考清楚，決定後再採取行動，就無須擔心了。

一定要當老闆嗎？

從日本戰國時代到江戶幕府開府為止，最長壽的「經營幹部」是誰呢？就是二〇一四年NHK大河劇的主角黑田官兵衛，另一人則是伊達政宗。

這兩人皆是在動盪時代，橫跨織田信長、豐臣秀吉、德川家康三代、位居各政權經營陣營直到壽滿天年的人物，這種「幸福人生」於當時實在太不可思議了。

終其一生擔任軍師參謀的黑田官兵衛，以及雖然時時企圖掌握政權、最終卻落居第二把交椅的伊達政宗，我們認為他們的定位是不同的。

不過，他們都是因為不當老大才能長期活躍。

而在他們的周圍，像明智光秀、石田三成等人都因野心而斷送性命與前程。

歷史上首度完成統一日本大業的豐臣秀吉，以及取得天下、樹立長達二百六十年政權的德川家康，可說都是屈居第二直到晚年，最後才能登上寶座。

豐臣秀吉是一位徹底實力主義型的創業家，同時是織田信長最為信賴的人，他在「本能寺之變」後，取得繼承政權的大好機會，可謂千載難逢。之後，秀吉晚節不保，而從信長時代即長期屈居第二、實力最強的德川家康，終於奪得政權。

「如果杜鵑不啼，就想辦法讓牠啼！」戰勝了「如果杜鵑不啼，就殺了牠！」，而「如果杜鵑不啼，就等牠啼吧！」戰勝了「就想辦法讓牠啼！」。

擠上了最高位，之後只有掉下來一途，這是最高領袖的宿命。與之相較，能夠長年擔任參謀職務而穩居第二，才是**今後生存於「職業生涯五十年」時代的聰明生存之道**。

換句話說，這就是身處動盪不安的時代，依然能夠愉快地、聰明地長期經營職業生涯的要訣。因此，去追尋二十一世紀型參謀的條件，應該也不壞吧。

考取證照有利轉職嗎？

為了轉職成功，好像應該要具備一些武器……。

大約是基於這種想法吧。我經常被問到：「取得怎樣的證照對換工作比較有利？」而我總是回答如下：

「如果你不是想成為律師、會計師等『師』字輩，也不是想開業，那麼考取證照根本沒用，不必搞這些！」

我這麼說或許會遭到證照業界的斥責與反擊，但這是實話，我得說清楚。

就我所見，基本上在一般公司擔任中堅世代以上職務的人，沒有人是因為取得某項資格後才轉職成功或提升職涯的。

如果有時間為了轉職去考取資格，不如將時間花在目前工作上，更能達到數十倍的好處，而且如果把時間花在取得與工作相關的資訊，或是與相關人士交換訊息等，更能達到數百倍的效果。

熱衷取得資格的人，豈止毫無意義，企業更是敬而遠之。

有時會看到履歷表上羅列一大堆不相干證照的人，看到這種履歷表的企業經營者或人事主管，恐怕只會覺得：「天啊，這個人有好好在本業上打拼嗎？」

當然，待在某個業界，因而附帶取得某項國家資格或民間資格，這點沒有問題，也有相當的意義，但是，基本上不會有經營者或人事負責人以資格欄上的內容來進行人物評價。

不要做無謂的投資。

此外，關於自我啟發方面，也容我談一下。

有些自我啟發課程能夠提升你的工作能力或綜合能力，也有一些課程可以讓你學到領導能力，這些課程會在你職涯的各個階段，給你適時的提醒。

如果你發現哪些課程似乎符合你的工作主題、能夠解決你工作上的課題，我強烈建議你去上課。

不過，請注意，**不要成為一個「自我啟發狂」**。有不少在中堅世代以後停滯不前的人，就是陷入以下這種模式。

聽到那裡有新的心靈成長課程就去參加，聽到有新的自我提升課程就去報名，東學西學一堆後，教科書完好地收藏在書架上，並未加以實踐……。

時時抱著課題，宛如逃避嚴峻的現實般，總是抓著那些自我啟發課程不放。這樣下去永遠都不可能獲救。

據說參加研討課程的人士中，能夠實踐所學者僅僅百分之一而已。而趁機大撈一筆的商人也橫行不止。我認為，只要單純地如下確認即可。

假設你去參加了傳授「成功法則」的相關課程。如果它的的確確是一套能夠傳授成功法則的課程，你學習了之後，就應該能夠從這類課程中畢業，並且獲得成功才對。

但很多人是經年累月地去上教授成功法則的課程，也有不少人每年都在參加創業家研討會。

如果它真的能教你如何成功、如何創業，你卻不能迅速學會該方法而成功、創業，不是很奇怪嗎？

是不是受騙上當了？你得小心一點。

請你還是好好運用本書所提的重點，以提升職涯為目標吧。

後記

二〇〇〇年年代，在一片網路創業、首次公開募股的熱潮中，以及透過網路販賣資訊這類行業的興起，產業界可謂蓬勃發展，「數年間賺進數億而提早退休為人生目標」的熱潮一時風湧雲起。

結果如何呢？就是被激賞為「六本木Hills族」（資訊產業從事者）、「網路新貴」等生活豪奢的成功人士們，大多幾年後就消聲匿跡了。

另一方面，金融操盤手等年紀輕輕就成為富豪的人，據說不少人因為「有錢，但找不到自己在社會上的容身之處」而將自己關在上億豪宅裡足不出戶。

什麼是幸福？

幸福無法以數值之類的基準來判斷，而是形形色色難以認定，不過，若能「做有意義的工作」、「有合作愉快的夥伴」、「有成長機會及發揮所長的舞台」、「透過事業對社會做出貢獻並獲得認同」、「獲得適當的報酬」，就是身為一名社會人的幸福了吧。

我們都不可避免的必須迎接「工作到七十歲」的未來職涯，度過五十年的職場人生。

為了讓這五十年過得更好、更富足，現在三十多歲的你必須做些什麼呢？我將我每日持續觀察到的現實狀況介紹給各位，若能給予各位具體的提醒以及行動上的幫助，我將感到無比榮幸。

本書的責任編輯森下裕士先生向我提出了極富時代性的企劃案，而且針對此書所推出的行銷宣傳與編輯都相當精準，我由衷致上謝意。此外，緊接於前作之後，本公司企劃團隊的中村洋子小姐與新井瞳小姐，協助調整我在本業上過於密集的時間表，以確保本書寫作的時間，在此也要向兩位致謝。還有森下、中村及新井等本公司同仁，非常謝謝你們。

今後五年、十年，社會環境將持續激烈變化，社會系統也將持續產生變革。曾見過面的各位，以及今後有緣相見的各位，我願與大家一起為本主題繼續鑽研、驗證，並將心得與大家分享，也懇請各位不吝賜教。

由衷希望與閱讀本書、從三十歲起開始拓展職涯的各位，有緣相聚。

經營者ＪＰ股份有限公司 董事長兼社長、執行長 井上 和幸

經營者JP
官　　網：www.keieisha.jp
客服信箱：info@keieisha.jp
服務內容：企業獵才、企業顧問、
講座活動、會員活動

獵才公司老闆真心告白：
30歲後如何成功跳槽？70個關鍵訣竅助你實現高薪高階的理想職涯！

作　　者—井上和幸
譯　　者—林美琪
內頁設計—李宜芝
封面設計—比比司設計工作室---bbcc@seed.net.tw
主　　編—林憶純
責任編輯—林謹瓊
行銷企劃—許文薰
董 事 長
總 經 理—趙政岷
第五編輯部總監—梁芳春
出 版 者—時報文化出版企業股份有限公司
10803台北市和平西路三段240號七樓
發行專線—(02) 2306-6842
讀者服務專線—0800-231-705、(02) 2304-7103
讀者服務傳真—(02) 2304-6858
郵撥—1934-4724時報文化出版公司
信箱—台北郵政79～99信箱
時報悅讀網—www.readingtimes.com.tw
電子郵箱—history@readingtimes.com.tw
法律顧問—理律法律事務所 陳長文律師、李念祖律師
初版一刷—2016年4月
定　　價—新台幣260元

⊙行政院新聞局局版北市業字第八○號

國家圖書館出版品預行編目資料

獵才公司老闆真心告白/ 井上和幸著 ; 林美琪譯. -- 初版. -- 臺北市 : 時報文化, 2016.04
面； 公分
譯自 : 30代最後の転職を成功させる方法

ISBN 978-957-13-6599-2(平裝)

1.職場成功法

494.35　　105004678